新编畜禽饲养员培训教程系列丛书

U0321092

新编肉兔饲养员培训教程

◎ 庄桂玉　主编

中国农业科学技术出版社

图书在版编目（CIP）数据

新编肉兔饲养员培训教程/庄桂玉主编．—北京：
中国农业科学技术出版社，2018.1
ISBN 978-7-5116-3347-7

Ⅰ．①新… Ⅱ．①庄… Ⅲ．①肉用兔—饲养管理
Ⅳ．① S829.1

中国版本图书馆 CIP 数据核字（2017）第 267711 号

责任编辑	张国锋
责任校对	贾海霞

出 版 者	中国农业科学技术出版社
	北京市中关村南大街 12 号　邮编：100081
电　　话	（010）82106636（编辑室）（010）82109702（发行部）
	（010）82109709（读者服务部）
传　　真	（010）82106631
网　　址	http：//www.castp.cn
经 销 者	各地新华书店
印 刷 者	北京富泰印刷有限责任公司
开　　本	880mm×1 230mm　1/32
印　　张	5
字　　数	152 千字
版　　次	2018 年 1 月第 1 版　2018 年 1 月第 1 次印刷
定　　价	22.00 元

编写人员名单

主　　编	庄桂玉
副 主 编	于艳霞　汤日新　王忠杰
编写人员	王　刚　王忠杰　于艳霞　汤日新
	吕月燕　庄桂玉　李连任　侯和菊
	李　童　季大平　李长强

前言

进入 21 世纪，畜禽养殖业集约化程度越来越高，设施越来越先进，饲料营养水平越来越科学。通过多年不断从国外引进种畜禽良种和选育、扩繁、推广，我国主要种畜禽遗传性能得到显著改善。但是，由于饲养管理和疫病问题导致优良畜禽良种生产潜力得不到充分发挥，养殖效益滑坡甚至亏损的情形大有发生。因此，对处在生产一线的饲养员要求越来越高。

但是，一般的畜禽场，即使是比较先进的大型养殖场，因为防疫等方面的需要，多处在比较偏僻的地段，交通不太方便，对饲养员的外出也有一定限制，生活枯燥、寂寞；加上饲养员工作环境相对比较脏，劳动强度大，年轻人、高学历的人不太愿意从事这个行业，因此从事畜禽饲养员工作的多以中年人居多，且流动性大，专业素质相对较低。因此，从实用性和可操作性出发，用通俗的语言，编写一本技术科学实用、操作简单可行，适合基层饲养员喜欢看的教材，是畜禽养殖从业者的共同心声。

正是基于这种考虑，我们组织了农科院专家学者、职业院校教授和常年工作在畜禽生产一线的技术服务人员，从各种畜禽饲养员的岗位职责和素质要求入手，就品种与繁殖利用，营养与饲料，饲养管理，疾病综合防制措施等方面的内容，介绍了现代畜禽生产过程中的新理念、新技术、新方法。每个章节都给读者设计了知识目标和技能要求；在为培训人员设置的技能训练项目中，提出了具体的目的要求、训练条件、操作方法和考核标准；为饲养员设计了思考与练习题目，方便培训时使用。

本书可作为基层肉兔养殖场培训饲养员的专用教材或中小型养殖场、各类养殖专业合作社工作人员及农村养殖专业户自学使用，亦可供农业大中专院校相关专业师生参考阅读。

由于作者水平有限，书中难免存在纰漏。对书中不妥、错误之处，恳请广大读者不吝指正。

编　者

2017 年 8 月

目　录

第一章　肉兔饲养员须知

1. 了解肉兔饲养员的岗位职责与素质要求。

2. 了解肉兔消化系统解剖特点，掌握肉兔的生活习性、采食习性以及正常的生理、生化和生殖指标。

3. 掌握肉兔场常用设备的使用与维护。

4. 掌握肉兔常规管理技术，如提兔、年龄鉴别、性别鉴定、编耳号等。

技能要求

能熟练掌握肉兔常规管理技术。

第一节　兔饲养员的岗位职责与素质要求

一、兔饲养员岗位职责

负责本场内种兔、幼兔、商品兔的饲养管理工作，负责家兔的配种、摸胎和接生，并做好饲养管理的各项记录。

② 保证兔舍环境干净整洁，所有物品摆放整齐；搞好兔场、兔舍清理及消毒，并做好消毒记录。

③ 合理使用各种设备，禁止人为破坏设备。负责兔用具的消毒、维修。

④ 服从技术员对家兔的防疫、免疫及育种工作的指示和安排。

⑤ 向技术员汇报家兔的日常情况，提供家兔免疫、防疫第一手材料。

⑥ 添加饲料过程中，做到不浪费，喂料要均匀，定时、定量、保质；料库保持干燥干净，成品饲料码放要整齐；准确记录所管理家兔的饲料种类及饲料的添加量和家兔的采食量。

⑦ 向饲料加工人员反馈饲料的效率和效果，配合饲料加工人员做好各种家兔饲料的开发和利用。

⑧ 每天上午，定时检查舍内饮水情况，防止跑水漏水；按时巡查兔舍，及时清理粪便。发现异常，及时处理。

⑨ 记录家兔异常反应，并及时与技术员沟通，从中发现家兔的问题，对家兔的疫情做到早发现，早治疗。

⑩ 完成应当由饲养员负责的其他工作任务。

二、兔饲养员素质要求

① 所有饲养员须经培训后上岗，培训的内容包括养兔基础知识、养兔设备的操作与使用、饲料的安全使用以及兔的健康与保健知识等。

② 要有"以场为家"的思想，认真负责，热爱养兔工作，爱岗敬业，合作互助，具有团队精神。

③ 工作态度端正，对本职工作尽职尽责，熟练地掌握所饲养兔的生理发育特点，饲养管理基本要求。认真执行饲养规程，养成遵守操作规程和安全生产、文明饲养的习惯。

④ 要遵守场区的各项制度，按工作程序及技术规程进行操作。

⑤ 工作中应积极主动，善于动脑筋，敢于提出合理化建议，并不断提高技术水平。

⑥ 爱护公共财物，节约生产物资，增收节支。

第二节　肉兔饲养员须知

要想成为一名合格的肉兔饲养员，在初进肉兔饲养场之前，就要认真学习养兔场中最基本的常识，以便以最快的速度了解肉兔饲养员的工作性质、工作内容和需要注意的问题，主要包括以下内容。

一、肉兔的生物学特征

肉兔的生物学特性是肉兔长期驯化而形成的各种习性和行为的总称。与其他家畜不同，肉兔具有十分独特的生活习性。掌握和运用这些特性，进行科学的饲养管理，对于发展肉兔生产具有十分重要的意义。

（一）肉兔消化系统解剖特点

肉兔的消化系统主要包括消化道和消化腺两部分。消化道为饲粮通过的管道，起于口腔、经咽喉、食管、胃、小肠（十二指肠、空肠和回肠）、大肠（盲肠、结肠和直肠），止于肛门。消化腺包括唾液腺、肝脏、胰腺、胃腺和肠腺。消化腺主要功能是分泌各类消化液，通过导管输送到消化道的相应部位。

1. 消化道

（1）口腔　由唇、颊、腭、舌和齿等组成。口腔是消化道的起始部，有采食、吮吸、咀嚼、吞咽和味觉等功能。口腔的前壁为唇，两侧为颊，顶壁为硬腭，向后延伸为软腭，底部为肌肉，口腔内有舌和齿。舌位于口腔内，其下表面光滑，上表面着生有助于夹持饲料的各种小乳头，在乳头之间分布有辨别饲料品质的味蕾，舌参与咀嚼饲料，把饲料送到齿下。兔齿具有草食动物的典型齿式，成凿形，无犬齿，臼齿面大，有横嵴，其上颌具有前后两对门齿，前排一对大门齿，后排一对小门齿，成为特殊的双门齿型，成年兔的牙齿数为28个。

（2）咽　位于口腔和鼻腔的后面，喉的前上方。咽是呼吸道中联系鼻腔和喉腔之间的要道，也是消化道从口腔到食管的必经之路。咽壁由黏膜、肌层和外膜三层构成。

（3）食管　连接咽和胃，起于咽，在颈部位于喉与气管的背侧，经过胸腔穿过膈进入腹腔，与胃的贲门相接。兔食管是有褶皱的管，其黏膜形成大量褶皱。食管的肌肉有三层：纵向的内层、外层以及环状的中间层。

（4）胃　肉兔为单胃草食动物，胃呈囊袋状，横位于腹腔的前部，分为胃底部和窦部。胃的入口为贲门，上与食管相连，出口为幽门，下与十二指肠相接。在贲门和幽门处，都有括约肌控制着食物的通过。兔胃较大，一般容积为 300~1 100 厘米^3，占消化道总容积的 34%~36%。兔胃的贲门处有一个大的肌肉褶皱，可防止内容物的呕出，因此肉兔不能嗳气，也不能呕吐，消化道疾病较多。兔胃的肌肉层薄弱，蠕动力小，饲料的下行速度较慢，在胃内停留的时间较长。同时饲料的下行速度与饲粮粗纤维含量高度正相关；也同饲料的粒度相关，颗粒大（＞0.3 毫米）的下行速度快，小颗粒下行速度慢。兔胃黏膜内有胃腺，能分泌胃液。兔胃液与其他家畜相比，具有较强的消化力和较高的酸度，pH 值为 1~2，可作为抵抗细菌和其他微生物的壁垒。

（5）肠　兔肠主要分为大肠和小肠两部分，其中小肠又分为十二指肠、空肠和回肠，大肠分为盲肠、结肠和直肠。兔的肠道发育相当发达，中型肉兔肠道的绝对长度大约 5 米，是其体长的 10 倍左右。

十二指肠起于胃的幽门，向后行为降支，继而为短的横支，再折向前为升支，呈"U"形，全长 40~60 厘米，肠管直径为 0.8~1.0 厘米。

空肠上连十二指肠，后接回肠，位于腹腔左侧，形成很多弯曲，肠壁较厚，富有血管，颜色较浅，略呈淡红色，为小肠最长的一部分，全长 210~250 厘米。

回肠是小肠的最后一部分，上连空肠，下接盲肠，较短，长 35~40 厘米，盘旋较小，以回盲系膜连于盲肠。空肠和回肠无明显的分界线。肠壁薄，颜色较深，管径较细，为直管。

兔的盲肠特别发达，长而粗大呈袋状，约占消化道总容积的 49%。肠壁内有一条带，形成约 26 圈螺旋形突起的皱襞，因而盲肠好似被分为许多单独的囊袋。其游离端直径变细，管壁变薄（称蚓突），长 50~60 厘米，与体长相当。其中蚓突长约 10 厘米，蚓突中含有丰富的淋巴组织，可产生大量的淋巴细胞，具有体内免疫功能。兔的盲肠壁薄，无纵肌带，但具有螺旋状的收缩部，它对应着盲肠内部的螺旋瓣状黏膜皱褶，此为兔的消化道特征。在兔的回肠与盲肠相接处膨大起来，形成一个厚壁的圆囊，称为圆小囊。圆小囊具有发达的肌肉组织和丰富的淋巴滤泡，是肠道的一部分，参与营养物质的吸收。发达的肌肉收缩时压榨食糜，也可以产生大量淋巴细胞。

结肠位于盲肠下，长 100~110 厘米。以结肠系膜连于腹腔侧壁，分为升结肠、横结肠与降结肠三部分。结肠前部有三条纵肌带，两条在背面，一条在腹面。在纵肌带之间形成一系列的肠袋。

直肠长 30~40 厘米，与降结肠无明显的界限，但是二者之间有"S"状弯曲。直肠末端侧壁有一对细长形呈暗灰色的直肠腺，长 1.0~1.5 厘米，其分泌物带有特殊异臭味。小肠与大肠肠壁均有黏膜、黏膜下层、肌层和浆膜层构成。

肛门为消化道末端，突出于尾根之下。

2．消化腺

肉兔消化腺因所在部位不同分为壁内腺和壁外腺。壁内腺是分布在消化道各段管壁内的腺体，如胃黏膜内的胃腺、肠黏膜内肠腺等。壁外腺是位于消化管外的大型腺体，以导管通到消化管腔，如开口于口腔的唾液腺，开口于十二指肠的肝脏和胰脏。

（1）唾液腺　兔有 4 对唾液腺：腮腺、颌下腺、舌下腺和眶下腺，能分泌唾液，浸润食物，利于咀嚼，便于吞咽，清洁口腔，参与消化等。

（2）肝脏　肝是体内最大的腺体，呈红褐色，为体重的 3.7% 左右。位于腹腔的前部，前面隆突紧接膈，称膈面，后面凹，与胃、肠等相接触，称脏面。兔肝分叶明显，共分 6 叶，分别为左外叶、左内叶、右外叶、右内叶、尾叶和方叶。其中左外叶和右内叶最大，尾叶最小。方叶不规则，位于左内叶和右内叶之间。胆囊位于肝的右内叶肝脏面，是贮存胆汁的长形囊。肝脏的功能较多：能分泌大量胆汁，参与脂肪的消化，能贮存肝糖，调节血糖，能解毒，参与防卫，在胎儿时期，肝脏还是造血器官。新生仔兔的肝脏占消化器官总重量的 42.5%，因为新生仔兔的肝起着主要屏障作用。

（3）胰脏　位于十二指肠间的系膜上，胰管开口于十二指肠升支，距胆管开口处约 30 厘米。胰由外分泌部和内分泌部两部分组成。外分泌部为消化腺，占腺体的大部分，能分泌胰液，内含有多种消化酶，参与蛋白质、脂肪和糖类的消化。内分泌部称为胰岛，能分泌胰岛素和胰高血糖素，直接进入血液，参与糖的代谢。

（二）肉兔的生活习性

1. 昼伏夜出和嗜眠性

肉兔由野生穴兔驯化而来。野生穴兔体格弱小，御敌能力差，在野外条件下为躲避天敌，被迫白天穴居于洞中，夜间外出活动和觅食，在长期的生存竞争中形成了昼伏夜行、白天嗜睡的习性。肉兔至今仍保留了祖先的这一特性，白天除采食和饮水时间外，常常静伏于笼中休息或睡眠，夜间表现活跃，采食和饮水也多于白天。据测定，在自由采食的情况下，肉兔晚上的采食量和饮水量占全天的 70% 左右。根据这一生活习性，合理安排饲养管理日程，晚上要供给足够的草料，并保证饮水。

嗜眠性是指肉兔在一定条件下容易进入睡眠状态。在睡眠状态的肉兔，除听觉外，其他刺激不易引起兴奋，如视觉消失、痛觉迟钝或消失。肉兔的嗜眠性与其野外条件下的昼伏夜行有关，可利用此作为实验动物。了解肉兔这一习性，应尽可能保持周围环境的安静，以免影响肉兔睡眠。

2. 胆小怕惊，喜欢安静

野生穴兔御敌能力差、警惕性高，在自然条件下，为躲避敌害，凭借一对听觉敏锐的耳朵，一有风吹草动，就迅速逃逸，形成了胆小怕惊、喜欢安静的习性。肉兔也是一样，胆子很小，听觉灵敏，突然的声响、生人和陌生动物如猫、狗等都会使肉兔受惊，以致在笼内乱蹦乱撞，同时发出顿足声。这种顿足声会引发其他相邻兔的惊慌，导致全群受惊。突然的惊吓会引起兔子产生应激反应，严重者导致食欲减退、妊娠母兔流产、正在分娩的母兔难产甚至咬死或吃掉仔兔、泌乳母兔拒绝哺乳等。因此，在饲养过程中，饲养者动作一定要轻，尽量避免弄出突然惊吓的声响；同时不让陌生人或猫、狗等动物进入兔舍；在修建兔舍时遵循远离噪声的原则，兔舍尽量远离车站、交通要道、工厂或噪声强烈的地方，不在兔舍周围燃放鞭炮。

3. 喜欢干燥，怕热

肉兔厌恶潮湿、喜欢干燥、爱清洁。实践表明，干燥清洁的环境是保持兔子健康的重要前提，而潮湿、污秽的环境是兔子发病的重要诱因之一。兔舍的适宜相对湿度为60%~65%。根据这一习性，在兔场选址时应选择地势高燥、排水性能好的地方；科学设计兔舍和兔笼，定期进行清扫和消毒兔舍、笼具；日常管理中保持兔舍通风透气、干燥清洁可减少疾病的发生，同时提高兔产品质量。

肉兔的正常体温为38.5~39.5℃，昼夜间由于环境温度的变化，体温有时相差1℃左右，这与其体温调节能力差有关。肉兔被毛浓密，汗腺不发达，主要通过呼吸散热来维持其正常体温。肉兔的临界温度5~30℃，成年兔最适环境温度15~25℃，刚出生的仔兔窝内最适温度30~32℃。所谓临界温度是指肉兔体内各种机能活动所产生的热量，大致能维持正常体温，处于热平衡的适宜状态温度。最适温度范围内肉兔感到最为舒适，生产性能表现最好。

当处于临界温度以外时，对肉兔是有害的。在高温环境下，肉兔的呼吸、心跳加快，采食量减少，生长缓慢，繁殖力下降。在我国南方一些地区出现夏季不孕现象，环境温度持续35℃以上，如果通风降温不良，兔易发生中暑死亡。相对而言，低温对肉兔的危害要轻，在一定程度的低温环境下，肉兔可以通过增加采食量和动员体内营养物质的分解来维持生命活动和正常体温。但冬季低温环境也会导致生长发育缓慢、繁殖力下降，饲料报酬降低，经济效益下降。

初生仔兔体温调节能力差，体温随环境温度的变化而变化，至10~12日龄时才能保持相对恒定。因此环境温度过高或过低均会对仔兔产生危害，一定要做好初生仔兔的防寒保暖工作。

温度是肉兔的重要环境因素之一，提高肉兔的生产性能必须重视这一因素，在兔舍设计时就应充分考虑，给肉兔提供理想的环境条件，做到夏季防暑、冬季防寒。

4. 群居性差，好斗

小兔喜欢群居，由于小兔胆小，群居条件下相互依靠，具有壮胆作用，但是随着月龄的增大，群居性越来越差，群养时同性别之间常常发生争斗、撕咬现象。特别是性成熟后的公兔之间或新组建的兔群中，争斗咬伤现象尤为严重，轻者损伤皮毛，重者严重致伤或致残（图1-1、图1-2），甚至咬坏睾丸，失去配种能力，在管理上应特别注意。在生产中，3月龄前的幼兔多采用群养方式，以节省笼舍，但3月龄以上的公母兔应单笼饲养，一方面防止打斗，另一方面还可防止早交乱配的现象发生。

图1-1　打架斗殴致伤（表皮损伤）　　图1-2　打架斗殴致残（耳朵缺失）

5. 嗅觉灵敏

肉兔的嗅觉灵敏，主要通过嗅觉分辨不同的气味，识别领地、性别、仔兔和饲料等（图1-3）。母兔在发情时阴道释放出一种特殊的气味，可被公兔特异性地接受，刺激公兔产生性欲。当把母兔放到公兔笼内时，公兔并不是通过视觉识别，而是通过嗅觉闻出来的。如果一只母兔刚从公兔笼内配种后而马上捉到另一只公兔笼里，这只公兔不仅不配种，可能还攻击母兔，因为母兔带有另一只公兔的气味，使得它误认为是别的公兔闯入自己的"领地"而表现出捍卫"领地"的行为。因此，在采用双重配种或调换配种公兔时，一定要等前一只公兔的气味消散了才捉入另一只公兔笼内。母兔识别自己的仔兔也是通过嗅觉来实现的，利用这种特性，在仔兔需要寄养或并窝时，可以通过干扰母兔嗅觉的方法，如涂抹尿液或乳汁、在母兔鼻端涂抹气味较大的清凉油等扰乱母兔嗅觉或提前将被寄养仔兔与原有仔兔放在一起以掩盖原有的味道等，使母兔识别不清，从而使寄养或并窝获得成功。兔子在采食前会先用鼻子闻饲料的味道，如果饲料成分有所改变或发生霉变、腥臭等，兔子采食的欲望会降低，甚至拒绝采食。

图1-3　公兔通过嗅觉识别母兔　　　　　图1-4　正常兔牙齿

6. 啮齿行为

肉兔的第一对门齿是恒齿，出生时就有，永不脱换，且不断生长（图1-4）。如果处于完全生长状态，上颌门齿每年生长可达10厘米，下颌门齿每年生长达12厘米。由于其不断生长，肉兔必须借助采食和啃咬硬物，不断磨损，才能保持牙齿适当的长度和上下门齿的正常吻合，便于采食。这种借助啃咬硬物磨牙的习性，称为啮齿行为。

了解了这一习性，建造兔笼时就必须充分考虑材料的坚固性和耐磨性，尽量采用肉兔不爱啃咬或啃咬不动的材料，如砖、铁结构，笼子用砖，笼门用铁丝，如用木头、竹片或普通的塑料等就容易被啃坏。笼具尽量做到笼内平整，不留棱角，使兔无法啃咬。木质产仔箱最好在箱口外缘包上一层铁皮，竹制笼底板的间隔适中，不能过宽。给兔饲喂有一定硬度的颗粒饲料以及在笼内投放木块或一些短树枝等（图1-5），可满足其啃咬磨牙的习性，减少对笼具的损坏。

图1-5　用于肉兔磨牙的木棒

生产中会发现个别兔子长"獠牙",其实这是由于肉兔上下门齿错位,无法正常磨损而越长越长,以致上或下门齿长出口腔外引起的。此种情况一般有两个原因:一是非遗传因素引起的,如饲料长期过软,无法给兔子提供磨牙的条件,使得发病机会增多;二是遗传因素引起的,肉兔有一种遗传病,叫下颌颌突畸形,由常染色体上的一个隐性基因(mp)控制,其症状是颅骨顶端尖锐,角度变小,下颌颌突畸形,下颌向前推移,使得第一对门齿不能正常咬合,通常发生在仔兔出生后3周,发病率很低。如果种兔或后备兔出现这种现象应淘汰,如商品兔出现"獠牙"应及时修剪(图1-6),直至出栏。

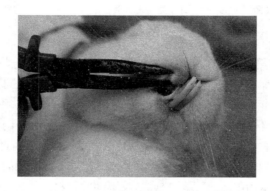

图1-6　修剪肉兔"獠牙"

(三)肉兔的采食习性

1. 食草性

肉兔喜欢采食饲草的习性称作食草性,也叫素食性。肉兔的食草性是由其消化系统的结构特点和机能决定的。兔的上唇纵向裂开,门齿裸露,适于采食地面的矮草,亦便于啃咬树皮、树枝和树叶;兔的门齿呈凿形咬合,便于切断和磨碎食物;兔臼齿咀嚼面宽,且有横嵴,适于研磨草料。兔的盲肠极为发达,其中含有大量微生物,起着牛羊等反刍动物瘤胃的作用。与其他草食性动物一样,肉兔喜欢吃植物性饲料,不喜欢吃鱼粉、肉、骨粉等动物性饲料。在饲草中,肉兔喜欢吃豆科、十字花科、菊科等多叶性植物,不喜欢吃禾本科直叶脉的植物等；在植株部位的选择上，喜欢吃幼嫩的部分。

肉兔的食草性决定了肉兔是一种天然的节粮型动物，可缓解人畜争粮矛盾，符合国家产业政策和有助于产业结构调整。

2. 食粪性

肉兔具有采食自己部分粪便的本能行为称为兔的食粪性，也称为兔的"反刍"。与其他动物的食粪癖不同，肉兔的这种行为不是病理的，而是正常的生理现象，对肉兔本身具有重要的生理意义。正常情况下，肉兔排出两种粪便，一种是量大、粒状、表面较为粗糙的硬粪（图1-7），依饲料种类不同而呈现深、浅不同的褐色，大部分在白天排出；另一种是团状的软粪，多呈念珠状排列，量少，质地软，表面细腻，如涂油状，通常呈黑色，大部分在夜间排出。正常情况下肉兔排出软粪时直接用嘴从肛门处采食（图1-8），稍加咀嚼便吞咽。

图1-7　硬粪　　　　　　　　图1-8　兔食软粪

肉兔的食粪行为是有节奏和规律的，大约在最后一次采食后4小时开食软粪，每日吞食的软粪占总粪量的50%~80%。肉兔食粪始于3周龄，6周龄前吞粪量很少，吃奶仔兔无吞粪现象。软粪的营养物质含量比硬粪高，如粗蛋白含量高一倍，达37.4%，B族维生素高出3~6倍。肉兔能从食下的软粪中获得其所需的部分B族维生素和粗蛋白。

软粪和硬粪的组成成分相同，但成分含量差别很大，软粪中含有大量的蛋白质、维生素等物质，而纤维含量较低，营养价值高。因此，肉兔食软粪的习性有着重要的生理意义，不仅有利于一些营养物质得到进一步的消化和吸收，提高其对粗蛋白和粗脂肪的利用率，与肉兔能充分利用粗饲料有一定关系，而且通过吞食软粪得到附加的大量微生物, 其蛋白质在生物学上是全价的。此外, 微生物合成B族维生素和维生素K, 随着软粪进入肉兔体内被肉兔吸收。

3. 惯食性

家兔具有惯食性, 即经常采食某种饲料后逐渐形成习惯, 当突然改变饲料后, 或者拒食, 或者采食量少, 并很快出现消化不良、粪便变形, 甚至出现腹泻或肠炎。

据此, 在日常饲养管理中, 一定要注意兔的这一特性, 一般不能轻易改变饲料, 如果必须改变, 应逐渐过渡。特别是当饲料原料变化比较大的时候更应如此。

4. 扒食性

在野生条件下, 家兔凭借着发达的嗅觉和味觉选择自己喜爱的饲料。在人工饲养条件下, 虽然没有挑选饲料的自由, 但它们对所提供饲料的反应却不同。家兔食草时, 将一根一根草从草架拉出, 先吃叶, 后吃茎和根部, 所剩部分连同拖出的草往往落到粪板上造成浪费。家兔有扒槽的习性, 常用前肢将饲料扒出草架或食槽, 有的甚至将食槽掀翻。家兔喜欢吃有甜味的饲料和多叶鲜嫩青饲料, 喜欢吃颗粒饲料而不喜欢吃粉料。对于不喜欢吃的饲料, 轻则少吃, 重则拒吃, 甚至扒食, 造成浪费。一旦形成习惯, 将不好调教。为了防止家兔挑食, 应合理搭配饲料, 并进行充分的搅拌。对于有异味的饲料(如添加的药物), 除了粉碎和搅拌以外, 必要时可加入调味剂。

5. 饮水行为

家兔是夜行性动物, 夜间饮水量约为全天的70%。饮水一般在采食精料后或者睡眠、活动之后进行, 采食青饲料后一般不立即饮水。如果喂饲时不供水, 采食量会随之下降。对于哺乳母兔、吃奶的仔兔和生长的肉兔, 在供水不足的情况下, 对其泌乳和生长发育均产生不良影响, 特别在环境温度较高的情况下, 尤为显著。

(四)肉兔的正常生理、生化和生殖指标

在日常生产劳动中, 饲养员了解肉兔的正常生理、生化和生殖指标(表1-1)是非常有必要的, 也是最基本的。

表1-1　肉兔的正常生理、生化和生殖指标

项目	平均值	范围
体温（℃）	39	38.5~39.5
呼吸频率（次/分钟）	56	46~70
心率（次/分钟）	125	100~145
红细胞（百万/毫米^3）	5.3	4.3~7.0
白细胞（百万/毫米^3）	8.9	5.2~12.0
淋巴细胞（%）	42.2	15.0~75.5
血小板（千/立方毫米）	323	270~6801
日采食量（克，颗粒料）	180	160~250
日饮水量（毫升/千克体重）	120	80~240
昼夜尿量（毫升/千克体重）	65	40~100
初生重（克）	64	55~80
开眼日龄（日龄）	11	10~12
开始吃料时间（日龄）	20	18~23
性成熟（月）	4.5	3~6
公兔适配年龄（月）	8	7~8
母兔适配年龄（月）	7.5	6~8
每胎产仔数（只）	7	1~23
寿命（年）	5	最大15
繁殖利用年限（年）	2.5	最大3.5
妊娠期（天）	30	29~34
公兔射精量（毫升）	1.2	0.5~2.5
精子可受精时间（小时）	28	25~30
精子密度（亿个/毫升）	5~8	2~10

（摘自金盾出版社《家兔饲养员培训教材》，秦应和编著）

二、肉兔场常用设备使用与维护

（一）饲养设备

1. 兔笼

兔笼一般要求造价低廉，经久耐用，便于管理操作，并符合肉兔生理要求，设计内容包括兔笼规格、结构和总体高度等。根据构件材料分为以下几类。

（1）水泥预制件兔笼　整个兔笼包括承粪板、侧墙及后墙均用水泥预制件或砖块砌成，笼门及笼底板由其他材料制成（图1-9）。这类兔笼的优点是构件材料来源较广，施工方便，防腐性能好，消毒防疫方便。缺点是防潮、隔热、通风效果差。

图1-9　水泥预制件兔笼

（2）金属兔笼　一般由镀锌钢丝焊接而成（图1-10）。优点是结构合理，安装、使用方便，特别是适宜于集约化、机械化生产，方便管理及消毒防疫，缺点是造价较高，只适用于封闭式或比较温暖的地方，开放式使用时间较长，容易腐锈，必须设有防雨防风设施。

图1-10　金属兔笼

根据构件方式分为以下几类。

（1）活动式兔笼 多为单层设置，少数为双层或3层。

单层活动式兔笼，可用木、竹做成架，四周用小竹条或竹片钉制而成，竹片与竹片间的距离为1厘米。这种兔笼较为轻便，可随兔搬动，简单易造，适于室内笼养，但易被肉兔啃食，不耐用。

双联单层式兔笼：在木架或竹架上钉竹条，开门于上方，二笼间设置"V"字形草架。笼的大小和一般兔笼相同，无承粪板，粪尿直接漏在地上。这种兔笼造价低，管理方便。

（2）固定式兔笼 一般为双层或3层多联式（图1-11）。在舍内空间较小的情况下，以双层为宜，可降低饲养密度，有利于保持良好的环境，便于管理。固定式兔笼一般用砖石建造，多用火砖、水泥、瓷砖砌成。笼底板以竹片制作而成，能随时放进、抽出。这类兔笼在养兔生产中应用广泛，主要优点是建造简单，造价低，取材方便，坚固耐用，保温隔热性好，利于清洁消毒，适用于各类肉兔和多种场地。其缺点是通风采光性较差。

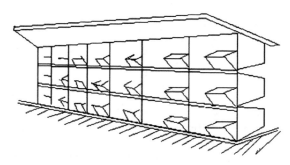

图 1-11　固定式兔笼

（3）阶梯式兔笼 这种兔笼在兔舍中排成阶梯形。先用金属、水泥、砖、木料等材料做成阶梯形的托架，兔笼就放在每层托架上。笼的前壁开门，饲料盒、饮水器等均安在前壁上，在"品"字形笼架下挖排粪沟，每层笼内的兔粪、尿直接漏到排粪沟内。兔笼一般用金属和竹（笼底）等材料做成活动式。这种兔笼的主要优点是通风采光好，易于观察，耐啃咬，有利于保持笼内清洁、干燥，还可充分利用地面面积，管理方便，节省人力；其缺点是造价高，金属笼易生锈，容易发生脚皮炎等。

2. 兔笼规格

兔笼规格应根据肉兔的品种、性别、年龄及环境要求而定，以肉兔能在笼内自由活动为原则。种兔笼比商品兔笼大，室外兔笼比室内兔笼大。可根据肉兔体长而设计兔笼，笼宽为体长的1.5倍，笼深为体长的1.3倍，笼高为体长的1倍。兔笼规格可参照表1-2、表1-3。

表1-2　我国养种兔笼尺寸

类　别	宽（厘米）	深（厘米）	高（厘米）
小型种兔	45~55	50	30~35
中型种兔	55~65	50~60	35~40
大型种兔	65~75	60~70	40

表1-3　德国兔笼容积

类　别	体重（千克）	笼底面积（米²）	宽×深×高（厘米³）
小型种兔	<4.0	0.20	40×50×30
中型种兔	<5.5	0.30	50×60×35
大型种兔	>5.5	0.40	55×75×40
育肥兔	<2.7	0.12	30×30×30

目前在生产中还出现了一种母仔共用的兔笼（图1-12），由一大一

图1-12　母仔共用兔笼

小两笼相连，中间留有一小门。平时小门关闭，便于母兔休息，哺乳时小门打开，母兔跳入仔兔一侧。

3. 兔笼构件

（1）笼壁　可用水泥预制件、砖块、竹片、钢丝做成。采用砖砌或水泥预制件，必须预留承粪板和笼底板间隙，间隙宽3~5厘米为宜；采用竹片、木栅条或金属板条，栅条宽度要求15~30毫米、间距10~15毫米。笼壁应当光滑，谨防造成兔的外伤。竹片制作的应当光滑面向内，砖砌需用水泥粉刷平整。

（2）笼底板　是兔笼最重要的部分，若制作不好，如间距过大，表面有毛刺，容易造成肉兔脚皮炎发生。笼底板一般采用竹片或镀锌钢丝制成。用竹片材质做笼底板时，要选择光滑无刺的，一般规格为宽2.2~2.5厘米，厚0.7~0.8厘米，竹片间距1~1.2厘米，竹片钉制方向应与笼门垂直，以防兔形成"八字腿"。用镀锌钢丝制成的兔笼，其焊接网眼规格为50毫米×13毫米或75毫米×13毫米，钢丝直径为1.8~2.4毫米。笼底板应该便于行走，方便拆洗，定期消毒。

（3）承粪板　适宜用水泥预制件或瓷砖，厚度为1~2厘米。在多层兔笼中，上一层承粪板为下层兔笼的笼顶。为避免上层兔的粪尿、污水溅污下层兔笼，上层笼底板应向笼门方向多伸出3~5厘米，向后墙多伸出5~10厘米，在设计和安装时还应当考虑前高后低，呈15°左右的坡度，以便粪尿自动落入粪沟中，便于清扫。

（4）笼门　一般安装在多层兔笼的前面或单层兔笼的上面，可用竹片、打眼铁皮、镀锌钢丝制成。要求开关方便，内测光滑无刺，能防御兽害，防止肉兔跳出兔笼。食槽、草架一般安装在笼门外，尽量不开笼门喂食，便于观察和喂料。

4. 产仔箱

产仔箱是兔产仔、哺乳的场所。通常在母兔产仔前放入兔笼内或悬挂在笼门外。产仔箱可用木板、纤维板、硬质塑料及金属片制成（图1-13、图1-14）。目前常用的还是木质产仔箱，其四周内外要平滑，使母兔出入和仔兔活动不受擦伤，边缘部分应用铁皮片包上，以防啃咬。铁片产箱，应用绝缘体纤维板或木板做内板。因铁皮不保暖，容易使仔兔受凉。生产中使用的产仔箱多为活动式产箱。一种是敞开的平口产箱，长为45~50厘米，宽为25~30厘米，高为15~18厘米；二是月牙形缺口产箱，可以竖起和横倒使用，母兔产仔时送入笼内，将其横卧，便于母兔产仔，产仔后，将产仔箱竖起，使仔兔不易爬出箱外。总之，产仔箱内应放柔软、清洁、干燥的垫草，南方可以采用稻草，北方则可采用木材刨花碎片，便于保暖和吸尿。

图1-13　金属产仔箱　　　　　　图1-14　木制产仔箱

（二）饲喂设备

1. 食槽

又称饲槽或料槽。按材质分类有竹制、陶制、水泥制、铁皮制和塑料制等形式（图1-15），一般分为简易食槽和自动食槽。简易食槽制作成本低，适合盛放各种类型饲料，但饲喂时工作量大，饲料易被污染，也容易被兔扒料而浪费饲料。自动食槽容量较大，安置在笼门外，添加饲料省时省力，饲料不易被污染，浪费少，但此食槽制作复杂，成本高。国外规模较大及机械化程度较高的兔场多采用自动食槽，一般用镀锌铁皮或硬质聚乙烯塑料制成。无论何种食槽，均要结实、牢

图1-15　金属食槽

固，不易破碎或翻倒，同时应便于清洗和消毒。

2. 草架

主要用于投喂青绿饲料和干草的饲喂设备，为防止饲草被肉兔践踏污染，节约草料而设计（图 1-16）。在群饲情况下，可用细竹或铁丝制成“V”字形的草架，置于单层笼内或运动场上，其长一般为 80~100 厘米，高为 40~50 厘米，上口宽为 30~40 厘米。笼养兔的草架，一般是固定在笼门上，多为活动的“V”字形。草架内侧金属丝间隙为 3 厘米，外侧为 2 厘米。

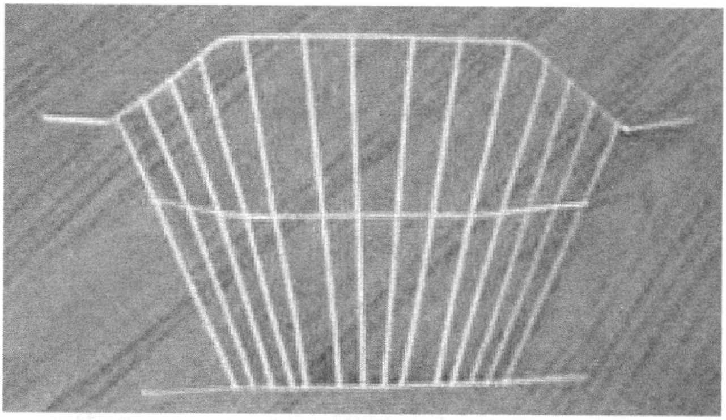

图 1-16　草架

（三）饮水器

肉兔饮水器有多种，是兔笼必备的附属设备，以保证兔随时都可以饮用到充足的清洁水。原则上是渗漏少，蒸发面积小，以控制兔舍内湿度，同时减少水耗。常见的饮水器有陶碗和瓦钵等开放式饮水器、塑料或玻璃瓶式饮水器以及自动饮水器（图 1-17）等。陶碗和瓦钵优点是清洗消毒方便，经济实用，缺点是每次换水需要开启笼门，且水钵容易打翻，也容易被粪尿污染。目前肉兔饲

图 1-17　自动饮水器

养多采用乳头式自动饮水器，饮水器水咀一般装在笼门或背网上，每1~2列兔笼共用1个水箱（水箱内有隔离网），通过塑料管或橡皮管连至每层兔笼，再由乳胶管通向每个笼位。此种饮水器的优点既能防止污染，又可节约用水，对水质要求高，但应随时观察水咀是否有漏水或堵塞现象。

（四）编号工具

为便于肉兔场做好种兔的管理和良种登记工作，仔兔断奶时必须编号。肉兔最适宜编号的部位是耳内侧部，因此称为耳号。常用的编号工具有耳号钳和耳标。

1. 耳号钳

耳号钳（图1-18）配备有活动数码块，选好耳号数码块后，先对兔耳和数码块消毒，然后在数码块上涂上墨汁，钳压兔耳，再在打上数码的兔耳上涂抹墨汁，数日后兔耳上可留下永不褪色的数字。

图1-18　耳号钳

2. 耳标

耳标（图1-19）有金属和塑料两种。将编号先冲压或刻画在耳标上，打耳号时直接将耳标卡在兔耳上即可，印有号码的一面在兔耳内侧。

（五）消毒设备

消毒的目的是消灭环境中的病原体，切断传播途径，阻止疫病继续蔓延。选择优质的消毒药品及其配套的消毒设备对做好消毒工作十分重要。兔场必须制定严格的消毒规章制度，严格执行。消毒设施包括人员、车辆的清洗消毒和舍内环境的清洗消毒设施。

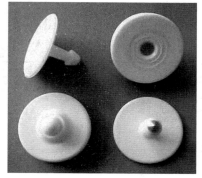

图 1-19 耳标

1. 人员的清洗消毒设施

本场人员和外来人员进行清洗消毒。一般在兔场入口处设有人员脚踏消毒池，外来人员和本场人员在进入场区前都应经过消毒池对鞋进行消毒。在生产区入口处设消毒室，消毒室内设有更衣间、消毒池、淋浴间和紫外线消毒灯等。本场工作人员及外来人员在进入生产区时，都应经过淋浴、更换专门的工作服和鞋、通过消毒池、接受紫外线灯照射等过程，方可进入生产区。

2. 车辆的清洗消毒设施

兔场的入口处应设置车辆消毒设施，主要包括车轮清洗消毒池和车身冲洗喷淋机等。

3. 场内清洗消毒设施

兔场常用的场内清洗消毒设施有高压清洗机和火焰消毒器。高压清洗机主要用于兔场内用具、地面、兔笼等的清洗，进水管与盛消毒液容器相连，也可进行兔舍内消毒。火焰消毒器是利用煤油燃烧产生的高温火焰对兔场设备及建筑物表面进行烧扫，以达到彻底消毒的目的。火焰消毒器不可用于易燃物品的消毒，使用过程中一定要做好防火工作。对草、木、竹结构兔舍更应慎重使用。

（六）照明设备

兔场中的人工照明主要以白炽灯和荧光灯作光源。人工照明不仅用于封闭式兔舍，也作为开放式和半开放式兔舍自然光照补充。根据兔舍光照标准（表 1-4）和 1 米^2 地面设 1 瓦光源提供的照明，计算兔舍所需光源总瓦数，再根据各种灯具的特性确定灯具的种类。大型商品兔场采用人工授精技术，为增加光照强度，采用人工补光照明，充分考虑每个笼位的照射强度，设定时间开关和调节功能，可控制光照时间和强度。

表1-4　兔舍人工照明标准

类型	光照时间	荧光灯照度（勒克斯）	白炽灯照度（勒克斯）
种兔	16~18	75	50
幼兔舍	16~18	10	10
商品兔舍	6~7		

三、肉兔管理的常规技术

（一）捉兔方法

捕捉家兔是管理上最常用的技术，如果方法不对，往往造成不良后果。家兔耳朵大而竖立，初学养兔的人，捉兔时往往捉提两耳，但家兔的耳部是软骨，不能承悬全身重量，拉提时必感疼痛而挣扎（因兔耳神经密布，血管很多，听觉敏锐），这样易造成耳根受伤，两耳垂落；捕捉家兔也不能倒拉它的后腿，兔子善于向上跳跃，不习惯于头部向下，如果倒拉的话，则易发生脑充血，使头部血液循环发生障碍，以致死亡；若提家兔的腰部，也会伤及内脏。较重的家兔，如拎起任何一部分的表皮，易使肌肉与皮层脱开，对兔的生长、发育都有不良影响。

正确的捉兔方法见图1-20、图1-21，先使兔安静，不让其受惊，然后从头部顺毛抚摸，一只手将颈部皮肤连同双耳一起抓牢，轻轻提起，另一只手顺势托住其臀部，使兔的重量主要落在托其臀部的手上

图1-20　正确的捉兔方法示意图

（四肢向外），这样既不伤害兔体，也可避免兔子抓伤人。幼龄兔的正确抓捉是直接抓住背部皮肤，或围绕胸部大把松松抓起，切不可握得太紧。

图1-21　正确的捉兔方法

错误的提兔方法见图1-22，抓兔耳朵，兔悬空吊起，易使耳根软骨受伤，两耳下垂；抓腰部，使腹部内的内脏受损，或造成孕兔流产；抓后腿，因兔的挣扎，易脱手摔死，引起脑出血死亡；抓尾巴，造成尾巴脱落。

正确捕捉方法　　错误捕捉方法——拎耳朵　　错误捕捉方法——拎后腿

图1-22　捉兔的方法

（二）年龄鉴别

在不清楚兔子出生日期的情况下，一般可以根据兔趾爪的颜色、长短、形状、牙齿的生长状况和皮板的松弛程度及眼睛的神色等来辨别兔子的年龄。对于青年兔来说，其趾爪平直，短而藏于脚毛之中，颜色红多于白；毛皮光滑且富有弹性；门齿短小，洁白而整齐；眼睛明亮有神，精神状态好，反应灵活。老年兔趾爪粗长，爪尖弯曲，颜色白多于红，露出脚毛外；皮厚而松弛，肉髯肥大；门齿暗黄，排列不整齐，常有破损现象；眼神无光，行动迟缓。壮年兔的特征介于前两者之间。

母性好的种兔，为提高其利用年限，应剪指甲，免得刺伤小兔。公兔也应剪指甲，以免配种时抓伤母兔，引起母兔的外伤。修爪时可以采用专门的修爪工具，也可以剪刀替代。修剪时在离脚爪红线前0.5~1厘米处剪断白色爪部分，切不可切断红线。凡是没有剪过指甲的兔子，其指甲的白：红为1∶1左右时，兔龄基本为1岁。种兔一般1岁以后开始修爪，每年修剪2~3次。

（三）性别鉴定

初生仔兔可根据其阴部孔洞形状、大小及与肛门之间的距离来鉴别公、母兔。母兔的阴部孔洞呈扁形，大小与肛门相似，距离肛门较近；公兔的阴部孔洞呈圆形，略小于肛门，距离肛门较远。

断奶仔兔可以直接检查外生殖器来鉴别公母。方法是将仔兔腹部向上，用拇指与食指轻压阴部开口两侧皮肤，其中公兔外生殖器呈"O"形并有圆筒状突起；母兔外生殖器呈"V"形或椭圆形，下边裂缝延至肛门，没有突起（图1-23至图1-25）。

公兔　　　　　　　　　　母兔

图1-23　初生仔兔外生殖器官外观差异示意

图1-24 仔兔公兔

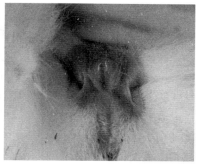

图1-25 仔兔母兔

成年兔可以直接根据阴囊的有无来鉴别公母，有阴囊者为公兔，无阴囊者为母兔（图1-26、图1-27）。

图1-26 成年公兔

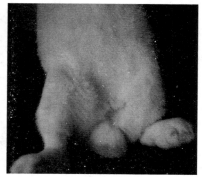

图1-27 成年母兔

（四）编耳号

为便于管理和记录，种兔必须进行编号。兔的编号一般在断奶时进行，最适宜的部位是耳内侧。耳号的编制可根据兔场的实际情况设计，不要轻易变更，其内容一般包括品种或品系代号（常用英文）、出生年月、个体号等。为区分性别，公母兔可用左右耳编号或用单双号表示。

编耳号常用的方法有耳号钳法和耳标法。

1. 耳号钳法

采用的工具为特制的耳号钳和与耳号钳配套的字母钉和数字钉，先消毒耳部，再将已消毒和装好数字钉的耳号钳夹住耳内侧血管较少的部位，用力紧压耳号钳，使刺针穿过耳壳，取下耳号钳后立即在刺号处涂上醋墨（用醋研磨成的墨汁或在墨汁中加少量食醋），数日后即显出清晰的号码（图1-28、图1-29）。此法简单易行，成本低廉，广泛适用于肉兔饲养场户。操作过程中要注意：排号时应为反方向，与雕刻图章类似，初学者可以在排号后在白纸上演示，及时调整号码的排列方向，务必使打出来的号码为正方向；同时，涂抹醋墨时一定要让每个号码都浸润到，否者会引起号码不清晰或者丢失。

耳标编号　　　　　　　　　　耳号钳墨刺编号

图1-28　家兔编号示意

图1-29　耳号钳法获得的清晰耳号

2．耳标法

即将金属耳标或塑料耳标卡压在兔耳上。所编号码事先冲压或刻印在耳标上（图1–30）。此法操作方便，耳标上的标记可根据需要自行设计，由厂家事先冲印或刻印到耳标上，可承载的信息量更大，记录方法更灵活，如可以在耳标上标注商标、汉字、数字、字母等。随着现代畜牧业信息化的发展，耳标上也可冲印二维码，由读号器直接与微机相连，实现个体信息化管理。耳标法广泛适用于肉兔个体识别，操作简便，信息含量大，但成本较耳号钳法高。特别要注意的是，佩戴耳标的兔子只宜单笼饲养，否则佩戴的耳标极易成为相互啃咬磨牙的工具，进而造成耳朵损伤，影响个体生长发育和价值。

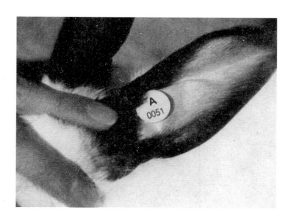

图1–30　耳标法获得的清晰耳号

技能训练

兔的捕捉方法

【目的要求】通过实际操作训练，使学员掌握正确的提兔方法。

【训练条件】成年家兔若干只。

【操作方法】按正确提兔法操作。

【考核标准】

1．操作方法正确、熟练。

2．口述正确。

思考与练习

1. 简述肉兔饲养员的岗位职责与素质要求。

2. 简答肉兔消化系统解剖特点，简述肉兔的生活习性、采食习性以及肉兔的正常生理、生化和生殖指标。

3. 简述肉兔场主要设备的使用与维护方法。

4. 如何正确捉兔?

5. 怎样判断家兔的年龄?

6. 如何进行家兔的性别鉴定?

7. 简述给家兔编耳号的方法。

第二章 肉兔的品种与繁殖技术

1. 了解主要引进肉兔品种（配套系）、国内地方或培育品种的体型外貌和主要生产性能。

2. 了解肉兔的繁殖规律，掌握肉兔性成熟与适配年龄。

3. 掌握肉兔的自然配种方法和人工授精技术。

4. 掌握母兔妊娠诊断的方法。

5. 掌握肉兔的分娩与护理技术。

技能要求

1. 掌握母兔妊娠诊断的方法。

2. 掌握肉兔的分娩与护理技术。

第一节 优质肉兔主要品种

一、主要引进肉兔品种（配套系）

1. 齐卡配套系

齐卡配套系（ZIKA）培育于德国。该配套系有 3 个品系，包括德国巨型白兔（G系）、德国大型新西兰兔（N系）、德国合成白兔（Z系）。

齐卡配套系制种模式

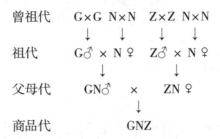

曾祖代　　G×G　N×N　Z×Z　N×N
　　　　　　↓　　　↓　　　↓　　　↓
祖代　　　G♂ × N♀　Z♂ × N♀
　　　　　　　　↓　　　　　　↓
父母代　　　GN♂　　×　　ZN♀
　　　　　　　　　　　↓
商品代　　　　　　GNZ

（1）G系（图2-1）　祖代父系。全身被毛纯白，头粗重，眼睛红色，两耳大而直立，体躯大而丰满。在相同的饲养管理条件下，其增重速度比哈白兔和比利时兔高。耐粗饲，适应性好。但其繁殖力较低，性成熟较晚，夏季不孕期较长，年产窝数3~4窝，窝产仔数6~10只。该兔成年体重6~7千克，仔兔初生重70~80克，35日龄断奶重1.0~1.2千克，90日龄体重2.7~3.4千克，日增重35~40克，料肉比3.2∶1。

图2-1　G系兔　　　　　　　图2-2　N系兔

（2）N系（图2-2）　祖代父系和祖代母系。全身被毛纯白，头粗重，眼睛红色，体躯丰满，四肢肌肉发达，肉用特征明显。该兔早期生长速度快，对饲料及管理条件要求较高，耐粗性较差。成年体重

4.5~5.0 千克。料肉比 3.2∶1, 90 日龄体重 2.5~3.0 千克。

（3）Z 系（图 2-3） 祖代母系。全身被毛纯白，头清秀，眼睛红色，耳薄而直立，体躯长而清秀。适应性好，耐粗饲，其最大优点是母兔繁殖性能高，平均年窝产仔兔 8~10 只，仔幼兔成活率高。成年体重 3.5~4.0 千克, 90 日龄体重 2.1~2.5 千克。

图 2-3 Z 系兔

图 2-4 伊拉 A 系兔

2. 伊拉配套系

伊拉配套系培育于法国，是由法国莫克公司在 20 世纪 70 年代末培育成功。该配套系由 9 个原始品种经不同杂交组合选育，筛选出的 A、B、C、D 四个专门化品系组成。2000 年由山东省安丘市绿洲兔业有限公司引入四系配套伊拉肉兔曾祖代种兔。该配套系兔具有遗传性能稳定，生长速度快，饲料转化率高、屠宰率高、繁殖性能强、产仔率高等特点。

（1）A 系祖代父系（图 2-4） 全身被毛除鼻端、耳、四肢末端及尾部呈黑色，其余部分被毛呈白色。成年公兔体重 5 千克，母兔 4.7 千克。受胎率 76%，平均胎产仔数 8.38 只，断奶成活率 89.69%，日增重 50 克，料肉比 3∶1。

（2）B 系祖代母系（图 2-5） 全身被毛除鼻端、耳、四肢末端及尾部呈黑色，其余部分被毛呈白色。成年公兔体重 4.9 千克，母兔 4.6 千克。受胎率 80%，平均胎产仔数 9.05 只，断奶成活率 89.04%，日增重 50 克，料肉比 2.8∶1。

（3）C 系祖代父系（图 2-6） 全身被毛呈白色。成年公兔体重 4.5

千克，母兔 4.3 千克。受胎率 87%，平均胎产仔数 8.99 只，断奶成活率 88.07%。

（4）D 系祖代母系 全身被毛呈白色。成年公兔体重 4.6 千克，母兔 4.5 千克。受胎率 81%，平均胎产仔数 9.33 只，断奶成活率 91.92%。

图 2-5 伊拉 B 系兔

图 2-6 伊拉 C 系兔

伊拉配套系制种模式

曾祖代　　A×A　B×B　C×C　D×D
　　　　　　↓　　↓　　↓　　↓
祖代　　　A♂ × B♀　　C♂ × D♀
　　　　　　　↓　　　　　　↓
父母代　　AB♂　　×　　CD♀
　　　　　　　　　↓
商品代　　　　ABCD

3. 新西兰白兔

新西兰白兔（图 2-7）是最出彩的家兔品种，因具有早期生长快、产肉性能好、药敏性强等特点而成为世界上最主要的肉用兔品种和国际公认的三大实验用兔之一。也是中国应用范围最广泛的中型肉用兔种和实验用兔。

这个品种原产地为美国，是由新西兰红兔与美国巨型白兔、安哥拉兔等杂交培育而成。

（1）体型外貌 新西兰白兔全身被毛为纯白色，头较粗短，眼为

图 2-7　新西兰白兔

红色。耳较宽厚，短而自立。颌下有肉髯但不发达，肩宽、腰、肋和后躯肌肉丰满，四肢强壮有力。新西兰白兔成年兔体型参考值见表 2-1。

表 2-1　新西兰白兔成年兔体型

体重（千克）	体长（厘米）	胸围（厘米）
3.5~4.8	48~50	35~38

（2）生产性能　新西兰白兔肉质细嫩，早期生长快，30~90 日龄日增重 28~32 克，半净膛屠宰率 52%~55%，全净膛屠宰率 51%~53%。

就对营养和饲养管理条件要求而言，新西兰白兔要求较高，耐粗性较差。若对兔场严格管理，新西兰白兔在 4~5 月龄性成熟，5.5~6.5 月龄初配，母兔 29~32 天妊娠期。新西兰白兔母兔繁殖性能参考值见表 2-2。

表 2-2　新西兰白兔母兔繁殖性能

年产窝数	窝产仔数（只）	初生窝重（克）	30 日龄断奶个体重（克）	30 日龄断奶成活率（%）
5~7	6~8	420~460	500~730	> 90

4. 加利福尼亚兔

加利福尼亚兔（图 2-8）是世界现代著名的肉用兔品种之一。过去，它常被称为"八点黑"。这种品种拥有母性强、繁殖能力好的特点，在现在商品生产中常作为杂交母本使用。

加利福尼亚兔原产于美国加利福尼亚州，是采用喜马拉雅兔和标准型青紫蓝兔杂交，再与新西兰母兔杂交选育而成的中型肉用品种。本品种育成后，迅速扩散到欧美各国，60 年代后逐步成为英、法、美、比利时等一些兔业发达国家的主要饲养品种。我国在 1975 年开始引入，现已遍及全国。

图 2-8　加利福尼亚兔

（1）体型外貌　加利福尼亚兔体躯中等，身体浑圆、匀称。头部稍小，眼睛红色，两耳自立。颈粗短，胸部、肩部和后躯发育良好，背腰平直，肌肉丰满，四肢强健，具有理想肉兔轮廓。被毛除两耳、鼻端、四爪及尾部呈黑色外，其余部分呈白色，故而俗称"八点黑"。其黑色的浓淡随季节、光照、年龄的改变而有所变化，一般冬季色深、夏季色淡，仔兔色淡、成年兔色深。八点黑的颜色状态在不同引入地区的群体或同一群体的不同个体之间亦存在一定差异。

据测定，成年兔体重一般在 4.0 千克左右，部分可达 4.5 千克，母兔略高于公兔，体长 44~50 厘米，胸围 35~38 厘米。

（2）生产性能　加利福尼亚兔主要表现为早熟易肥、肉质细嫩、屠宰率高，净肉率高于日本大耳白兔、比利时兔等引入品种。加利福尼亚兔产肉性能见表 2-3。

表 2-3　加利福尼亚兔产肉性能

90 日龄重（千克）	90 日龄日增重（克）	半净膛屠宰率（%）	全净膛屠宰率（%）
1.8~2.5	25~30	56	52

加利福尼亚兔繁殖性能好，泌乳力强，母性好，仔兔成活率高，具有"保姆兔"的美誉（表2-4）。在较好的饲养管理条件下，4~5月龄性成熟，5.5~6.5月龄适宜初配，母兔妊娠期29~32天，平均窝产仔数6~8只，年繁殖5~7窝。据山西省农业科学院畜牧兽医研究所测定，窝产活仔数5~9只，30日龄断奶成活率93.8%。母兔平均30天总泌乳量4 816~4 991克，高于同期测定的引入品种德国花巨兔、丹麦白兔、比利时兔、日本大耳白兔和新西兰白兔。

表2-4　加利福尼亚兔母兔繁殖性能

年产窝数	窝产仔数（只）	初生窝重（克）	30日龄断奶个体重（克）	30日龄断奶成活率（%）
5~7	6~8	358~438	523~726	93.8

　　5. 比利时兔
　　比利时兔（图2-9）又名弗朗德巨兔，是一个古老而著名的大型肉用兔种。该品种很久前已分布到欧洲各地，但至20世纪初才定名，名字来源于其原产地——比利时。20世纪70年代，我国从德国引进。目前该品种已扩散到全国肉兔生产区，尤其在华北、华中地区分布较多。

图2-9　比利时兔

　　（1）体型外貌　比利时兔被毛丰厚，多为褐麻色，部分为胡麻色。头大小适中，稍显宽厚。眼睛呈棕黑色，眼周毛色淡化，发白。耳大而直立，耳廓边缘呈黑色。尾巴内侧黑色。肉髯不发达。体躯宽深，肌肉发育良好，四肢强健。成年体重 5.0~6.5 千克。

（2）生产性能　比利时兔初生重一般在 60 克左右，窝产仔数 5~8 只，5 周龄断奶个体重 716~896 克，90 日龄重 2.5~2.8 千克，全净膛屠宰率 51%~54%。母兔年繁殖 4~6 胎。

6. 青紫蓝兔

青紫蓝兔（图 2-10）名字来源于其毛色酷似智利安第斯山脉所产的一种珍贵毛皮动物——毛丝鼠而得名。法国养兔家戴葆斯基是用噶伦兔分别与喜马拉雅兔和蓝色贝伟伦兔杂交育成，育成后于 1913 年首次在法国展出。

该品种最初因皮用价值优秀而闻名，后随着其产肉性能的改善，以皮肉兼用分布到世界各地。半个多世纪前引入我国，已完全适应我国气候条件，分布较广，尤以在北京、山东等地饲养较多。

图 2-10　青紫蓝兔

（1）体型外貌　青紫蓝兔有三种体型，标准型、美国型和巨型青紫蓝兔。该品种外貌的标志性遗传特征，主要反映在被毛的色型特点上，除耳尖与尾面被毛呈黑色，眼圈与尾底面呈白色，腹部呈灰白色外，其余部分被毛呈胡麻色，夹有全黑和全白的针毛，被毛浓密且具有光泽。每根被毛由毛根到毛尖依次为石盘蓝色、乳白色、珠灰色、白色和黑色等五种色段，风吹被毛时呈彩色漩涡，形似花朵，十分美观。该品种头粗短、耳厚直立，背部宽，臀部发达。标准型、美国型和巨型青紫蓝兔成年体重分别为 2.5~3.6 千克, 4.1~5.4 千克, 5.4~7.3 千克。

（2）生产性能　青紫蓝兔仔兔初生重 50~60 克, 90 日龄重 2~2.5 千克, 窝产仔数 6~8 只, 年产 5~6 胎。

7. 日本大耳白兔

日本大耳白兔（图 2-11）原产地是日本, 它可能是由日本国外引进的混血品种培育而成。因耳大皮白、血管清晰易采血的特点而被广泛用作实验兔, 引入我国时间早于新西兰白兔、加利福尼亚兔等肉兔品种。在我国上海、江苏、山东等地有实验兔生产基地。

图 2-11　日本大耳白兔

（1）体型外貌　日本大耳白兔分为大、中、小三个类型, 成年体重分别为 5~6 千克、3~4 千克、2~2.5 千克。引入我国的多为中型兔, 少数为大型兔。该品种全身被毛纯白, 头偏小, 眼红色。耳长大且直立, 耳根较细, 耳端较尖, 形似柳叶, 血管清晰可见。母兔颌下有肉髯。体型狭长, 后躯欠丰满, 前肢较细。

（2）生产性能　日本大耳白兔早期生长快, 据报道, 日本大耳白兔 30~35 日龄平均断奶重 680 克, 4 月龄重 2.5 千克。该品种由于其骨架较大, 后躯欠丰满, 屠宰率一般为 50%~52%, 肌纤维直径明显高于同月龄的肉用兔品种, 即口感的细嫩程度稍差。目前主要应用于实验兔生产。

该品种繁殖力高, 平均窝产活仔数 7~8 只, 年繁殖 4~7 胎。母兔的母性好，泌乳量大，21日龄窝重1 700~2 200克，断奶成活率一般在90%以上。

二、国内地方或培育品种

1. 哈尔滨大白兔

哈尔滨大白兔（图2-12）简称哈白兔，是我国自己培育的第一个以肉用为主的大型皮肉兼用品种。该培育品种是我国哈尔滨兽医研究所采用哈尔滨本地白兔、上海大耳白兔作母本，比利时兔、德国花巨兔、加利福尼亚兔、荷系青紫蓝兔作父本，进行复杂杂交和四个世代的综合选育而成，1988年通过国家兔育种委员会鉴定。

图2-12　哈尔滨大白兔

（1）体型外貌　哈白兔全身被毛纯白，头大小适中，耳大且直立，眼睛红色，体躯结构匀称（表2-5）。

（2）生产性能　哈白兔生长发育快，1月龄平均日增重22.4克，2月龄31.4克，70日龄左右达到生长发育高峰，日增重可达35克，3月龄日增重回落到28克左右。

表2-5　哈白兔成年兔体型

性别	体重（千克）	体长（厘米）	胸围（厘米）
公兔	4.2~5.0	51.66~54.94	32.21~36.19
母兔	3.9~4.9	53.1~55.1	32.98~34.24

该品种 90 日龄重 2 248.9~2 610.5 克，半净膛屠宰率 57.6%，全净膛屠宰率 53.8%，料重比 3.1：1。

哈白兔繁殖性能好，母兔妊娠期 29~31 天，窝产活仔数 6~8 只，初生个体重 58 克左右，经产母兔年产 5~6 胎。

2．福建黄兔

福建黄兔（图 2–13）是福建兔的黄毛系，为我国福建省的地方兔种，属小型兼用兔种，具有适应性广、毛色独特、兔肉风味好和药用功能等特点，素有"药膳兔"之美誉，是目前保存和开发利用最好，种群最大的地方特色品种。

该品种原产地是福建省福州地区的各县、市，如沿海的连江、福清、长乐、罗源，山区的闽清、闽侯等地。近 10 年来，随着肉兔生产的发展和黄兔销售市场的扩展，福建全省大多数市县均有福建黄兔饲养，尤其在龙岩市的连城、漳平等地分布较多。

图 2–13　福建黄兔

（1）体型外貌　头、背部和体侧为深黄或米黄色短毛被毛，从下颌沿腹部至胯部白色被毛呈带状延伸，头大小适中，呈三角形，公兔略显粗大而母兔比较清秀，双耳小而稍厚、钝圆，呈"V"字形，稍向前倾，眼大，眼虹膜呈棕褐色，胸部宽深，背腰平直，后躯发达呈椭圆形，四肢强健，后躯发达。后脚粗且稍长，善于跳跃奔跑及打洞。适应野外活动，野外生存能力强。

（2）生产性能　福建黄兔品种标准为 120 日龄屠宰，全净膛屠宰率为 48.5%~51.5%，30~90 日龄料重比为（2.77~3.15）：1。该品种 90 日龄即有求偶表现，105~120 日龄（体重 2 千克）即可初配，最迟为 150 日龄左右初配，比其他品种兔一般要早 30~60 天。妊娠期 30~31 天，从第二胎以上窝产仔数 6~9 只，窝产活仔数 5~8 只，一年四季均可繁殖配种。母兔一般年产 5~6 胎，年产活仔数 33~37 只，年育成断奶仔兔数为 28~32 只，种兔一般利用年限为 2 年。

3. 闽西南黑兔

闽西南黑兔（图 2-14）属早熟小型品种，具有适应性广、抗病力强等特点。该品种原名福建黑兔，在闽西地区俗称上杭乌兔或通贤乌兔，在闽南习惯叫德化黑兔，是我国小型皮肉兼用以肉用为主的地方兔种。2010 年 7 月通过国家畜禽遗传资源委员会鉴定，命名为闽西南黑兔。

图 2-14　闽西南黑兔

（1）体型外貌　闽西南黑兔体躯较小，头部清秀，两耳短而直立，耳长一般不超过 11 厘米，眼大，眼结膜为暗蓝色，颔下肉髯不明显，背腰平直，腹部紧凑，臀部欠丰满，四肢健壮有力。被毛多数为深黑色粗短毛，脚底毛呈灰白色，少数个体在鼻端或额部有点状或条状白毛，白色皮肤带有不规则的黑色斑块。

（2）生产性能　因各地饲养条件不同，生长速度差异较大。2010 年国家畜禽遗传资源委员会在上杭县通贤兔业发展有限公司种兔场测定结果见表2-6。

表2-6　闽西南黑兔生长情况

性别	4周龄断奶体重（克）	13周龄体重（克）
公兔	275.8~483.2	1056.6~1369.2
母兔	256.9~489.3	1043.7~1367.1

闽西南黑兔宰前活重为1 400~1 600克，全净膛屠宰率为43%~48%，半净膛屠宰率为47%~53%。

闽西南黑兔属早熟小型品种，3.5~4.5月龄性成熟，公兔5.5~6.0月龄、母兔5.0~5.5月龄初配。母兔妊娠期29~31天，窝产仔数5~8只，窝产活仔数4~7只，初生窝重172.09~303.35克，4周龄窝重1 691.6~2 372.2克，经产母兔年产5~6窝。

4. 塞北兔

塞北兔（图2-15）又称斜耳兔，属肉用为主的大型皮肉兼用兔种，由我国河北省北方学院动物科技学院采用黄褐色法系公羊兔和比利时巨型兔作亲本杂交培育而成。

图2-15　塞北兔

（1）体型外貌　塞北兔耳宽大，一耳直立，一耳下垂，是该兔外貌的独具特征。被毛色属于刺鼠毛类型，以野兔色（黄褐色）为主，另有红黄色和纯白色。头中等大，略呈方形，黑眼。颈粗短，有肉髯，四肢粗短而健壮。

（2）生产性能　塞北兔7~13周龄平均日增重24.4~30克，成年体重4.5~5.7千克，90日龄屠宰，半净膛屠宰率56.7%，全净膛屠宰率52.6%，料重比3.3∶1。

该品种初生个体重60.8~67克，窝产仔数5~10只，以产7只最多，40日龄断奶个体重810~830克，断奶成活率81%。

5．豫丰黄兔

豫丰黄兔（图2-16）属于中型肉皮兼用兔，适应性强，繁殖成活率高，是在比较粗放的饲养管理条件下杂交生产商品肉兔的优秀亲本之一。

图2-16　豫丰黄兔

（1）体型外貌　豫丰黄兔腹部被毛呈白色，腹股沟有黄色板块，其余部分呈棕黄色，针毛尖有黑色、微黄色、红色的不同个体。头适中，呈椭圆形，有肉髯。耳大而直立。眼圈白，眼球黑色。四肢强健有力，前趾部有2~3道虎斑纹。

（2）生产性能　豫丰黄兔成年体重1.5~5.5千克，体长53.5~59.8厘米，胸围34.9~40.8厘米。据测定，豫丰黄兔90日龄重2 208~3 142克，半净膛屠宰率平均55.42%，全净膛屠宰率50.65%，日增重33.9克。

该品种初配月龄为6月龄，母兔妊娠期平均31天，窝产仔数

7~12 只，窝产活仔数 7~11 只，初生窝重 440~586 克，断奶窝重 4 806~6 806 克，断奶成活率 96.6%，具有良好的开发利用价值和前景。

第二节 肉兔的繁殖现象与规律

一、精子与卵子的发生

（一）精子的发生

公兔一般每次的射精量为 0.5~2.0 毫升，平均射精量为 1 毫升左右。每毫升精子密度为（0.7~2）×10^8 个。家兔的精子首先发生于公兔睾丸小叶中的曲细精管上皮组织中的精原细胞，精原细胞在周围营养细胞的滋养下，经过分裂、增殖和发育等不同生理阶段形成精细胞，然后附着在营养细胞上，再经过变态期而形成。精细胞形成后脱落在曲细精管的管腔中，伴随曲细精管的收缩和蠕动，经睾丸纵隔、睾丸输出管进入附睾的头部，并贮存在附睾中。精子在附睾中具有后熟作用，增强其生命力和对外界环境的抵抗能力。待公、母兔交配时，精子通过输精管与副性腺分泌物一道排出体外。

（二）精子的形态

家兔的精子分头、颈、尾三部分，而尾部又分为中段、主段和尾梢三段。精子是一种特殊细胞，形状似蝌蚪，全长为 33.5~62.5 微米。精子的头部大部分为细胞核，前部有顶体，后部有核后帽保护，是精细胞的核心。尾部是它的运动器官。

（三）卵子的发生与卵泡的形成

卵子和精子一样，也是经过分化、发育而形成的特殊细胞。当卵子与精子结合，便会形成结合子，继而发育成胚胎直至胎儿。

1. 卵原细胞的增殖

卵巢上的种上皮细胞形成的原始种细胞经过分裂、增殖后，其中有一个种细胞发育成卵原细胞。其他分裂、增殖的种细胞包围在卵原细胞周围，对卵原细胞具有保护和营养功能，这些包围在卵原细胞周围的种细胞称为颗粒细胞。卵原细胞一般在胎儿出生前或出生后不久进行增殖，贮存在卵巢的皮质部，形成卵母细胞。

2. 卵母细胞的生长与成熟

卵母细胞的生长有两个时期：第一个时期，卵母细胞快速增长期，并与卵泡的发育密切相关；第二个时期，卵母细胞增长速度减慢，但卵泡发育迅速，体积增大，其中的卵子也达到其最大的体积。

3. 卵泡的形成

卵泡的形成主要经过原始卵泡、初级卵泡、次级卵泡、生长卵泡和成熟卵泡等阶段。

原始卵泡是由一个卵原细胞和一单层扁平排列的小卵泡细胞构成。

初级卵泡是由一个卵原细胞和两层呈柱状排列的小卵泡细胞构成。

次级卵泡发育时，逐渐移向卵巢皮质部基质的中央，这时增殖的卵泡细胞群形成一个多层细胞群，围绕着卵原细胞的卵黄膜外。在此阶段，卵原细胞核卵泡细胞之间形成一层膜，为透明带。

在卵原细胞周围的卵泡细胞层的细胞分离而逐渐形成隙缝和一卵泡腔时，即形成生长中的生长卵泡。

成熟卵泡是由卵泡腔内衬以许多层的卵泡细胞，腔里充满一种卵泡液，该液体越积越多，空腔越来越大，这样就形成了成熟卵泡。

4. 排卵

排卵是指卵泡发育到完全成熟的时期，卵子从卵泡中释放出来。家兔在一次发情期间，两侧卵巢所产生的卵子数为 18~20 个。母兔在每个发情期所排出的卵子数，一般来说，是比较恒定的。

二、肉兔的性成熟与适时配种年龄

（一）肉兔性成熟

肉兔性成熟是指从出生仔兔经过生长发育到一定年龄，公兔睾丸中能产生具有受精能力的精子，母兔卵巢中能产生成熟的卵子时，就表示该兔子已达到性成熟。部分肉兔品种性成熟时间见表 2-7。

表 2-7　肉兔品种性成熟时间

品种	性成熟时间（月）
福建黄兔	3.5~4
四川白兔	3.5~4
哈尔滨大白兔	5~6
塞北兔	5~6
青紫蓝兔	4~6
新西兰兔	4~5
加利福尼亚兔	4~5
比利时兔	4~6

（二）适时配种年龄

　　家兔性成熟要比体成熟早一些。若在性成熟时进行配种，不但影响母兔本身身体的生长发育，而且还会影响出生后的仔兔生产性能。同时母兔由于身体还未发育完全，特别是乳腺还处于发育阶段，导致分娩后的母兔泌乳量低，仔兔的育成率低，同时还会影响母兔以后的繁殖性能和利用年限。不同体型肉兔初配年龄见表 2-8。

表 2-8　不同体型肉兔初配年龄

类别	成年兔体重（千克）	初配年龄（月）
大型品种	＞5	7~8
中型品种	3.5~4.5（<5）	5~6
小型品种	2~3（<3.5）	4~5.5

三、肉兔发情与发情表现

（一）发情周期

　　家兔是属于刺激性排卵的草食性动物。在母兔达到性成熟年龄时，在其卵巢上经常有许多卵泡，这些卵泡都处在不同的发育阶段。成熟卵泡通常在与公兔交配或其他刺激行为后的 10~12 小时才排出，所以母兔的发情周期与其他猪、牛、羊、马相比变化范围较大，一般 8~15

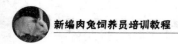

天为一个发情周期。

如果未对母兔进行排卵刺激，成熟的卵泡在雌激素和孕酮的共同作用下经 10~16 天之后就逐渐萎缩、退化，并被周围组织所吸收，而新的卵泡又开始经过一系列的发育、分化为成熟卵泡，这一过程就是母兔的一个发情周期。

（二）发情和发情表现

母兔发情时的表现是性情活跃、兴奋，在兔笼内跑跳、刨地、顿足，食欲略有下降，闹圈严重。性欲旺盛的母兔以上行为表现得尤为明显。当将母兔放入公兔笼内后，公兔追逐爬跨时，发情母兔立即伏卧于笼底板上，伸长体躯，并抬高臀部，配合公兔的交配动作。阴门及外生殖器官的可视黏膜呈红色。有的母兔发情征状不明显，外生殖器官的黏膜也不表现出红色状态，此时可根据外阴部含水量进行判断，此类母兔发情时外阴部含水量较多。上述发情表现，一般母兔持续 1~4 天，称为发情持续期。

（三）母兔的诱导发情征状

随着家兔产业的迅速发展，家兔养殖规模也不断扩大，为了提高母兔繁殖性能和配种受胎率，诱导母兔同期发情显得非常必要。在国外肉兔养殖发达国家同期发情技术和人工授精技术得到普遍应用和推广。目前，诱导母兔同期发情的方法主要有以下两种。

激素诱导发情：在母兔交配前 48~50 小时，肌内注射孕马血清 25 国际单位 / 只，通过注射激素，改变母兔体内激素水平，从而诱导发情。该方法在前几胎次配种中效果比较明显，但连续繁殖 4~5 胎，母兔会出现激素耐受现象，使得同期发情效果逐渐下降。

光照刺激发情：在母兔交配前 7 天，采用人为补光的方式来诱导母兔同期发情。该方法要求每个时间点的灯光强度达到 60 勒克斯以上，在配种前 7 天每天补光时间为 16 小时以上。光照刺激发情是目前比较推崇用于母兔诱导发情的方法。

（四）适宜配种时间

母兔的一个发情周期，外阴部主要经过白、粉红、红、深红四种不同颜色变化，一般选择最佳适宜配种时期在外阴部颜色红色时进行。母兔在与公兔交配后的 10~12 小时排卵，卵子排出后进入输卵管，并向子宫方向移动。一个卵子保持受精能力的时间为 6 小时左右。6 小时后的卵子逐渐衰老而失去受精能力。

精子进入母兔生殖器官后，活力强的精子进入子宫，需要 15~30 分钟即可到达输卵管的上 1/3 处的壶腹部，若遇有卵子，即可进行受精。公兔精子保持受精能力的时间为 30 小时左右。

因此，母兔配种的适宜时间为在发情最旺盛阶段，即阴部黏膜呈红色时最好或在刺激排卵后的 2~8 小时内最佳。

第三节　肉兔的繁殖技术

一、自然配种技术

自然配种俗称本交，是指公兔与母兔直接交配。自然配种分为自由交配和人工辅助交配。

（一）自由交配

自由交配是指将公兔与母兔按照一定的比例混养，在母兔发情期间，任凭公、母兔自由交配。自由交配的优点是，方法简单，配种及时，节省人力，可减少母兔漏配。但自由交配存在许多缺点，具体如下。

① 容易发生早配、早孕，导致公兔、母兔的体况下降，同时出生仔兔的生产性能不佳。

② 无法进行有计划的选种选配，同时不能区分后代血缘关系，容易造成近亲交配，极易造成优良品种退化。

③ 无法控制公兔交配次数，配种次数过多，精液品质下降，导致受胎率和产仔数降低，缩短公兔利用年限，不能充分发挥优良种公兔的作用。

④ 不能确切记录配种日期，无法估计预产期，容易造成流产。

⑤ 容易传播疾病。自由交配不适合规模化肉兔生产需要。

（二）人工辅助交配

人工辅助交配是指：公兔、母兔分笼饲养，母兔发情时，根据配种计划将母兔捉到选定的公兔笼中进行交配。人工辅助交配可以做到有计划的选种选配，避免早配、近亲交配，有利于保持和生产品质优良的兔群；可以控制公兔的配种强度，合理安排配种次数，保持公兔良好的体况和旺盛的性机能，延长种兔利用年限；同时可有效防止疾病的传播。

1. 人工辅助交配法配种前准备工作

① 配种人员或饲养人员要准确掌握母兔的发情征兆，勤于观察母兔发情情况，对发情母兔做好标记。

② 在进行交配之前，技术人员或饲养人员要对计划配种的公母兔进行逐一检查，确定其健康状况，有疾病（如梅毒、密螺旋体病等）的兔要立即隔离治疗，不能进行繁殖配种。

③ 查阅计划配种公母兔系谱档案，防止近亲交配，同时要有计划地使用公母兔。

④ 对计划配种公母兔笼进行消毒处理。

⑤ 准备好各个兔群的配种记录本和相关资料等。

2. 配种方法

配种时将发情的母兔放入公兔笼中，母兔静卧、举尾配合公兔交配，公兔阴茎进入母兔阴道后，公兔后躯蜷缩迅速射精，发出"咕咕"叫声，随即从母兔身上滑倒，公兔爬起频频顿足，交配完成。此时，将母兔从兔笼中取出，把母兔臀部提高，轻轻拍击其臀部，使其后躯紧张，阴道收缩将精液吸入，防止精液倒流。将母兔放回原笼中，及时做好配种记录，记录配种日期，与配公兔品种、耳号等信息。

3. 人工辅助交配注意事项

① 准确掌握发情状况，做到适时配种，一般在母兔外阴部"大红"时配种。

② 控制配种频率，注意合理使用公兔，配种性能好的公兔一天内可配1~2次，连用2天，要休息1天。

③ 合理安排配种时间，根据季节、天气状况等安排具体配种时间，夏季将配种时间安排在凉爽的早上或者傍晚，冬季将配种时间安排在气温暖和的中午，确保公母兔顺利交配。

④ 配种时不能将公兔放入母兔笼中，因为环境的改变容易影响公

兔性欲。

⑤ 没有达到体成熟的母兔或年龄过大（3 岁以上）的母兔、有血缘关系以及患有疾病等情况不能交配。

⑥ 在配种过程中，有时母兔对公兔具有强烈的选择性，发情的母兔在公兔笼中奔跑，逃避公兔，拒绝交配。此时，可调换其他公兔或者对母兔采取强制辅助配种。具体方法：用一条细绳拴住母兔的尾巴，一手抓住母兔的双耳和颈皮将其保定，并拽住细绳，使母兔尾巴贴在背部，露出阴门，另一只手伸到母兔腹部下面，托起母兔臀部，配合公兔爬跨交配。

人工辅助交配法是目前小型养兔场普遍采用的繁殖配种方法。但随着养兔业的不断发展，规模化、集约化、工厂化养殖场的不断涌现，劳动成本的不断提高，导致人工辅助交配法（缺点：需要耗费饲养员大量的时间检查母兔是否发情，导致饲养员工作效率低下，且种公兔利用率较低）已不适应其要求，需要采用更先进、科学的方法进行繁殖配种。

二、人工授精技术

人工授精技术是指用人工采集优良种公兔精液，对精液进行品质检测，经检测合格的精液通过稀释处理后，借助兔专用输精枪将稀释后的精液输入母兔生殖道内，使其受孕的一种人工配种技术。人工授精是家兔繁殖改良工作中最经济科学的配种方法。家兔人工授精技术在国外早有研究，在 20 世纪 80、90 年代已在欧洲养兔发达国家大范围应用，进入 21 世纪已得到深入发展，其受胎率、产仔数得到显著提高。我国家兔人工授精技术起步较晚，目前国内养兔场采用人工授精进行繁殖配种的不到 10%。随着我国养兔业不断的发展，人工授精技术将逐步替代人工辅助交配法已成为不可争议的事实。

（一）人工授精的优点

① 实现母兔同期发情、同期配种、同期分娩、同期断奶、同期上市的批量化生产，使得管理水平得到极大提升，进一步提高仔幼兔成活率和养殖经济效益。

② 能充分发挥优良种公兔优势，优良种公兔采精 1 次，精液稀释

后，可给 5~20 只母兔配种。一只公兔全年可负担上百只母兔的配种任务，这对提高优良公兔利用率和良繁体系的建设都具有重要意义。

③人工授精配种可减少公兔的饲养数量，降低公兔饲养成本。

④人工授精过程中避免了公兔和母兔直接接触，疾病传播得到有效控制。

⑤精液采集后，经过稀释处理，在低温下可较长时间保存，长距离运输，异地配种变为现实。

（二）人工授精所需主要仪器

1. 人工授精实验室主要仪器

人工授精实验室所需主要仪器见表 2-9。

表 2-9　人工授精实验室主要仪器及其用途

序号	仪器名称	主要用途	备注
1	显微镜	精液品质检测	连电脑视频
2	恒温板	评定精子活力	37℃
3	恒温水浴锅	存放精液、稀释液	30℃
4	高压灭菌锅	灭菌消毒	——
5	电子天平	称取试剂	万分之一
6	烘箱	烘干仪器	——
7	冰箱	存放物品	——
8	车载式恒温箱	保存稀释精液	15~17℃
9	其他玻璃仪器（烧杯、量筒等）	辅助仪器	——

2. 采精和输精主要器械

采精和输精主要器械见表 2-10。

表 2-10　采精和输精主要器械

序号	器械名称	主要用途	备注
1	采精器	采集精液	塑料制作
2	采精内胎	采精器的配套器械	橡胶制作
3	集精瓶	收集和贮存采集的精液	玻璃制作，20 毫升
4	试管架	存放集精瓶	与集精瓶配套

（续表）

序号	器械名称	主要用途	备注
5	玻璃棒	沾取精液	—
6	医用托盘	存放器械	—
7	输精枪	输精	进口
8	输精枪套管	配套输精枪	保护母兔生殖道

3.人工授精所需主要药品、试剂

主要药品、试剂见表2-11。

表2-11　人工授精所需主要药品、试剂

序号	药品、试剂名称	主要用途	备注
1	孕马血清	诱导发情	—
2	促排3号	刺激排卵	—
3	稀释粉或稀释液	稀释精液	购买成品或自配
4	蒸馏水	稀释液配制	—
5	生理盐水	稀释药品等	—
6	抗生素	抗菌、杀菌	常用青霉素、链霉素

（三）同期发情技术

在进行人工授精前，根据生产需要制定人工授精计划与工作日程表，按照工作日程表进行各项工作。传统家兔生产中，母兔的繁殖是根据母兔的自然发情状况进行配种。由于母兔的自然发情周期不同步，导致不能进行批次化、批量化生产，而且造成生产管理不便，劳动力浪费，生产成本增加。采用母兔同期发情技术，即人为地控制和调整母兔的自然发情周期，使一群母兔中的绝大多数在几天内集中发情，无需进行发情鉴定，定时进行配种或输精，实现同期配种或输精。母兔同期发情是人工授精技术的重要配套技术，也是实现母兔同期配种或输精的前提。目前，肉兔生产中主要通过注射外源激素或者光照刺激两种方式调控母兔的同期发情。

（四）精液稀释液的配制

1. 进口稀释粉的配制

目前国内常用的进口稀释粉主要为法国、德国、西班牙等欧洲养兔发达国家生产。进口稀释粉的配制主要根据说明，按一定比例采用灭菌蒸馏水溶解配制（如法国进口稀释粉，每 6 克 / 包，每包溶解于 100 毫升蒸馏水中），其特点是使用方便，现配现用，但成本相对较高。

2. 自配稀释液的配制

国内也开展了家兔精液稀释液的研制，现推荐几种国内报道的精液稀释液配方及其配制流程，供大家参考。

（1）葡萄糖磷酸盐稀释液　首先用万分之一的电子天平准确称取葡萄糖 6.0 克、磷酸氢二钠 1.69 克、磷酸二氢钠 0.41 克，放入量筒中。再向量筒中加入蒸馏水至 100 毫升刻度位置，使其充分溶解。再装入烧杯中密封，高压灭菌。灭菌完后，取出冷却至室温，再加入青霉素、链霉素各 10 万国际单位，溶解、混匀。

（2）葡萄糖 –Tris– 柠檬酸稀释液　首先用万分之一的电子天平准确称取葡萄糖 1.250 克，Tris 3.028 克，柠檬酸 1.675 克。再用移液器准确量取 DMSO（二甲基亚砜）5 毫升，用蒸馏水配制成 100 毫升基础液。待基础液高压灭菌后，取基础液 79 毫升，加卵黄 20 毫升，甘油 1 毫升，青霉素、链霉素各 10 万国际单位，溶解、混匀。

（3）葡萄糖 – 柠檬酸钠稀释液　首先用万分之一的电子天平准确称取葡萄糖 3 克、柠檬酸钠 1.4 克，溶解于 95 毫升蒸馏水中，密封灭菌冷却后，加入 5 毫升卵黄、青霉素、链霉素各 10 万国际单位，溶解、混匀。

3. 自配稀释液注意事项

① 配制稀释液所用器材须应尽量洁净，所用试剂应选用分析纯制剂，并要求准确称量。

② 用蒸馏水溶解试剂，不耐高温的试剂应待基础液高温灭菌，待温度降至室温后方可添加，如抗生素、卵黄等。

4. 精液稀释液的主要作用

① 扩大精液量，精液稀释液是对精子具有保护作用，并与精液渗

透压相当的等渗溶液。

② 稀释液中含有糖类能量物质，可为精子生命活动提供能量，如葡萄糖、果糖等。

③ 稀释液也是一种缓冲液，能维持精子生存所需的稳定环境。

④ 稀释液中添加有抗生素，可消灭细菌对精子造成的损害。

（五）人工采精技术

1. 仪器、器械清洗与消毒

（1）耐高温玻璃仪器的清洗与消毒　在人工采精之前将耐高温的玻璃仪器，如集精瓶、烧杯、试管、盛装精液等器皿，先用自来水清洗干净，再用蒸馏水趟洗一遍，然后用报纸等包裹好，放入高压灭菌锅中，进行灭菌消毒。灭菌消毒完成后，取出物品，在烘箱中烘干备用。

（2）不耐高温塑料或橡胶器械的清洗与消毒　不耐高温的器械不能采用高压灭菌，如采精器、内胎、输精枪套管等。只能采用75%消毒酒精或0.1%浓度的新洁尔灭进行浸泡消毒，然后用生理盐水冲洗干净备用。

2. 采精前准备

（1）仪器设备准备　采精之前，先将要用的仪器设备（如显微镜、恒温水浴锅、恒温板等）准备完善，为采精后精液品质的评定和人工输精做好准备。

（2）制作采精器　检查采精器有无破损，安装好采精器。然后在采精器外壁与内胎间注入 50~55℃ 温水；调节内胎气压，使内胎气压适宜，模拟母兔阴道状态；安装上集精瓶，即可用于采精。

（3）采精方法　选择母兔作为台兔，将母兔放入公兔笼中，让公兔追逐母兔，待公兔准备爬跨母兔时，采精人员左手抓住母兔双耳和颈部皮肤保定母兔，右手握住采精器置于母兔两后肢间，举起母兔后躯，迎合公兔爬跨；公兔爬跨后，调整采精器位置、角度，引导公兔阴茎插入采精器内；当公兔插入温度、压力适宜的采精器内时，即进行交配动作，随后向前一挺，后躯蜷缩完成射精；此时及时将采精器口向上举起，使精液流入集精瓶中，然后取下集精瓶，做好标记，送实验室保存待测。

3. 精液品质检测

（1）射精量　待精液中的气泡消失后，直接在集精瓶上读数，即为射精量，做好记录。

（2）精液气味与颜色　兔的新鲜精液略有腥味。正常精液颜色为乳白色，浑浊不透明。如果精液颜色为黄色，可能有尿液混入；如果精液发红，可能是公兔生殖器官发生炎症；颜色异常的精液均不能用于输精，须查明原因。

（3）pH 检测　采用 pH 计测定精液 pH 值，公兔正常的精液 pH 值为 6.8~7.2。

（4）精子活率评定　精子活率是指精液中呈直线运动精子所占比例。精子的活率是影响母兔受胎率和产仔率的重要因素，也是评定种公兔种用价值的重要指标。精液送到实验室后，立即放入 30℃恒温水浴锅中。将恒温板调至 37℃，放上载玻片，滴一滴精液在载玻片上，盖上盖玻片，不能有气泡产生，在显微镜 400 倍下测定精子活率。根据精子活率对精液进行评分，若精子活率为 90%，则评分为 0.9。在人工授精中，用于输精的精子活力要求 0.6 以上。

（5）精子密度检查　精子密度是指每毫升精液中含有精子数量，精子密度是确定精液稀释倍数的主要依据。目前，家兔精子密度的检测主要采用血细胞平板计数法。

4. 精液稀释

（1）稀释方法　事先将配制好的精液稀释液放入恒温水浴锅中，水浴锅中水的温度设置为恒定的 30℃。将每份采集、检验符合质量标准的精液（集精瓶盛装）放入 30℃恒温水浴锅中，待每份精液温度一致时，先将每一份精液混合成一大份精液。待混合后的精液与稀释液温度一致时，将稀释液沿集精瓶壁缓慢倒入精液中，混合均匀，要求动作轻缓，防止对精子造成物理性损伤。

（2）稀释倍数　根据精子活率、密度以及输精时需要的有效精子数决定稀释倍数。每只母兔要求输入的有效精子数为 $(15~30) \times 10^6$ 个。如每只母兔输精量为 0.5 毫升，稀释后的精液有效精子数应为 $(30~60) \times 10^6$ 个 / 毫升。

稀释倍数 =（精子密度 × 活率）/ 母兔输精时应输入的有效精子数

（3）稀释后检测　取稀释后的精液于 400 倍显微镜下，观察精子活率有无变化。若精子活率符合输精要求，即可用于输精。

5. 输精

输精前对输精用器械进行彻底消毒，并用精液稀释液润洗输精枪 2~3 次，调节输精量。

（1）输精部位　家兔阴道长度为 8~12 厘米，因此，输精部位应在阴道底部靠近子宫颈口处为宜；输精部位不宜太深，避免输精输入一侧子宫内。

（2）输精方法　输精时将母兔放在操作台上或平地上。操作时两人合作，一人辅助输精人员保定母兔；输精人员左手抓住兔尾，将母兔后肢提起离地；右手持输精枪，将输精枪口向上倾斜，枪口沿母兔阴道壁背侧插入，避免插入母兔膀胱中；母兔膀胱开口于阴道内 5~6 厘米深腹壁处，且尿道开口较大，输精枪容易误插入其中；输精枪插入阴道 7~8 厘米深，越过尿道口后，将精液注入两子宫颈口处，任精子自由游入两个子宫内；将输精枪拔出，轻拍母兔臀部，刺激母兔后躯紧张，阴道收缩将精液吸入，防止精液倒流；将母兔送回笼中，输精完成。

6. 输精后的处理

（1）诱导排卵　输精操作完成后，每只母兔立即肌内注射促排 3 号 0.8 微克。

（2）饲养管理　一栋兔舍内母兔人工授精配种完成后，当天晚上不添加饲粮，保持兔舍安静环境，充分供足饮水。第二天按常规饲养管理进行。同时保持人工授精母兔继续每天 16 小时光照时间，直到配种后 11 天检胎。

三、肉兔的妊娠及妊娠诊断

（一）肉兔的妊娠

母兔经交配或人工授精后，卵细胞在输卵管中与精子结合形成受精卵，受精卵在母兔子宫内发育形成胎儿，这一系列复杂的生理过程，称作母兔的妊娠，俗称母兔怀孕。

从母兔受孕到分娩产仔前这段时间称为妊娠期，也称作怀孕期。

母兔平均妊娠期为 31~32 天，变动范围为 28~33 天。妊娠期的长短受品种、年龄、胎儿数量、营养水平以及环境等因素影响。一般而言，大型品种比小型品种母兔妊娠期稍长，老龄母兔比青年母兔妊娠期稍长，胎儿数量少的母兔比胎儿数量多的母兔妊娠期稍长，营养水平好的比差的母兔妊娠期稍长。

（二）妊娠诊断

在肉兔生产中，妊娠诊断尤其是早期妊娠诊断，对于保胎、减少空怀、提高母兔繁殖力和增加养殖效益具有重要现实意义。对确诊为妊娠的母兔，应加强饲养管理，保证胎儿的发育，预防流产。对未受孕母兔，注意观察再次发情并及时补配，减少空怀时间。对多次配种仍未受孕的母兔进行检查，找出不孕原因并采取针对性措施，失去种用价值的母兔应及时淘汰。

目前，妊娠诊断的方法有多种，肉兔生产中常用以下几种方法进行妊娠诊断。

1. 摸胎法

摸胎法操作简便，准确率高，是现阶段养兔生产中妊娠检查最常用的方法。一般在母兔配种后 10 天左右进行摸胎检查，经验丰富的操作人员在母兔配种后 8 天即可进行摸胎检查。

具体操作方法：将母兔放在桌面或平地上，兔头朝向操作人员，一手抓住兔耳和颈皮将母兔保定，另一只手手掌向上，拇指与四指张开呈"八"字状，由前至后沿腹部两侧进行触检（图 2-17）。若母兔腹

图 2-17　摸胎法

部柔软如棉，则表示未受孕；若触摸到花生米大小、可滑动、光滑有弹性的肉球，则可确认为受孕。

摸胎法应注意胚胎与粪球的区别，兔粪球一般较硬，无弹性，呈扁圆形，不光滑，分布面积大且分布位置不规则；胚胎则呈圆形，光滑富有弹性，可滑动，位置比较固定，多数均匀分布于腹部两侧。摸胎法要求动作轻柔，避免造成母兔流产。不同妊娠时间胚胎形状见表2-12。

表 2-12　不同妊娠时间胚胎形状

形状	妊娠时间	妊娠10 天	妊娠12 天	妊娠13~14 天	妊娠15 天	妊娠20 天
胚胎		花生米大小	似樱桃大小	似杏核大小	似卵黄大小	长形胎儿，有胎动

2．复配检查法

母兔配种5~6天内，将其放入公兔笼中进行复配，若母兔拒绝公兔交配，则认为母兔可能受孕。相反，若母兔接受公兔交配，则认定母兔未孕。此法准确性差，在生产中使用较少。

3．外部观察法

母兔受孕后表现为发情周期停止，食欲增加，性情变得温顺；由于采食量的增加，母兔体重明显增加，毛色润泽光亮，在怀孕中后期腹围增大明显，这些都是母兔受孕的征兆；结合对母兔进行称重，观察母兔配种前后体重的变化判断母兔是否受孕。

4．孕酮水平测定法

该方法的原理为：孕酮是胚胎着床前存活和维持妊娠的必需激素，在血液和乳汁中均存在，且怀孕与未怀孕母兔的孕酮水平差异较大，一般采用试纸法进行测定。此法在国外工厂化兔场使用较多，在国内使用较少。

四、肉兔的分娩与护理

分娩是指胎儿在母体内生长发育成熟后，妊娠结束，胎儿及胎盘等附属物正常排出母兔体外的生理过程。

1. 产前征兆

母兔临产前数天，母兔食欲减退，甚至拒绝采食；腹部膨大，乳房肿胀，并可挤出少量乳汁；外阴部肿胀充血，阴道黏膜湿润潮红；母兔临产前 1~2 天或数小时，开始衔草、拉毛做窝，并将胸腹部乳房周围的毛拉下，铺入窝内（图 2-18）。母兔产前拉毛是正常的生理现象，拉毛可以刺激乳腺的发育，增加泌乳量，毛拉得早、拉得多的兔其泌乳性能好。少数初产母兔或母性差的母兔不会拉毛，对此类母兔进行人工辅助拉毛，刺激乳腺发育，促进泌乳。母兔分娩前以及分娩过程中和分娩后应避免母兔受到惊扰，引起流产或母兔吃仔兔等意外。

图 2-18　母兔分娩前衔草、拉毛做窝

2. 分娩过程

母兔临产时，精神不安，四爪刨地，顿足，子宫在激素的作用下收缩阵痛，母兔弓背努责，排出胎水。分娩时母兔多呈犬卧状，将仔兔连同胎衣顺次产出。母兔边产仔边咬断脐带，并吃掉胎衣，同时舔干仔兔身上的血液和黏液。母兔分娩时间较短，正常产完一窝仔兔只需 20~30 分钟，也有少数母兔产下一批仔兔后，间隔数小时再产第二批仔兔。

一般情况下母兔不需要助产，如果妊娠期超过预产期还未产仔，或因各种原因造成产力不足，而不能顺利分娩时，可对母兔注射催产药物进行人工催产。如因胎位不正所造成的难产，应先对胎位进行调整，再注射催产药物。分娩结束后，应及时清理产仔箱，清点仔兔数量，在母兔哺乳前称量初生窝重，做好繁殖记录，测定母兔繁殖性能，作为选种选配的参考。

3. 母兔产后护理

分娩结束后，母兔由于失水、失血过多，口渴饥饿，需要及时补充水分。因此，在产前应准备好充足清洁的饮水或糖水，以避免母兔因找不到饮水而残食仔兔。母兔分娩后，生殖道发生了很大的改变，分娩时子宫颈开张松弛，在排出胎儿的过程中产道黏膜表层有可能受损，分娩后母兔子宫蓄积的恶露，为病原微生物的入侵与繁殖提供了适宜的条件。因此，产后母兔容易患产科疾病，在生产中要加强护理。

4. 出生仔兔护理

初生仔兔皮下脂肪少，体温调节能力差，没有御寒能力，应做好保温工作。首先，保证产仔箱内温度，在产仔箱内铺一定厚度的干稻草、兔毛等垫料，可达到较好的保温效果。其次，保证兔舍内环境温度。及时让仔兔吃上初乳，初乳是指母兔产后 1~3 天所分泌的乳汁，与常乳相比，含有丰富的蛋白质、糖类以及一定量的母源抗体，及时吃到、吃足初乳，可增强仔兔抗病力，提高仔兔成活率。同时要防止猫、狗、老鼠等兽类对仔兔的侵害。

技能训练

一、肉兔的品种识别

【目的要求】能正确识别常见的肉兔品种。

【训练条件】不同品种、不同年龄阶段、不同性别的成年肉兔若干，相关的幻灯片、光盘或录像资料。

【操作方法】辅导教师讲解掌握这项操作技术的意义和要领，由教师或有经验的饲养员作演示，学生分组或逐个进行识别练习。

【考核标准】

1.口述主要肉兔品种的外貌特征和主要生产性能正确。

2.能正确识别肉兔常见品种。

二、摸胎法对母兔进行妊娠检查

【目的要求】能正确使用摸胎法检查母兔的妊娠情况。

【训练条件】配种后 7~10 天的母兔若干只。

【操作方法】按摸胎法要求操作。

【考核标准】

1.捉兔方法正确。

2.摸胎法操作熟练。

3.妊娠检查结果符合实际。

思考与练习

1.简述我国主要引进肉兔品种（配套系）、国内地方或培育品种的体型外貌和主要生产性能。

2.肉兔繁殖特性有哪些?

3.简述肉兔人工授精技术的操作要领。

4.母兔妊娠诊断常用哪些方法? 简述摸胎法的操作要领。

5.怎么对分娩的母兔进行护理?

第三章　肉兔的营养与饲料

第一节　肉兔所需要的主要营养

　　营养是动物维持生命和生产的重要基础。肉兔在维持生命和生产过程中所需要的营养素主要包括：能量、蛋白质、粗纤维、脂肪、糖、矿物质、维生素和水等。

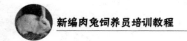

一、能量

肉兔的一切生命活动都需要能量。据试验，成年兔每千克饲料中需含消化能 8.79~9.2 兆焦，育成兔、妊娠母兔和泌乳期母兔需含消化能 10.46~11.3 兆焦。能量的主要来源是饲料中的碳水化合物、脂肪和蛋白质。肉兔对大麦、小麦、燕麦、玉米等谷物饲料中的碳水化合物具有较高的消化率，对豆科饲料中的粗脂肪消化率可达 83.6%~90.7%。

实践证明，如果日粮中能量不足，就会导致生长速度减慢，产肉性能明显下降。但是，日粮中能量水平偏高，也会因大量易消化的碳水化合物由小肠进入大肠，出现异常发酵而引起消化道疾病；同时因体脂沉积过多，对繁殖母兔来说会影响雌性激素的释放和吸收，从而损害繁殖机能，对公兔来说则会造成性欲减退、配种困难和精子活力下降等。因此，控制能量供应水平对养好肉兔极为重要。

二、蛋白质

蛋白质是一切生命活动的基础，也是兔体的重要组成成分。据试验，生长兔、妊娠母兔和泌乳期母兔的日粮中，蛋白质的需要量分别以含粗蛋白质 16%、15% 和 17% 为宜。如果日粮中蛋白质水平过低，则会影响肉兔的健康和生产性能的发挥，表现为体重减轻，生长受阻，公兔性欲减退，精液品质降低；母兔发情不正常，不易受孕。相反，日粮中蛋白质水平过高，不仅造成饲料浪费，还会加重盲肠、结肠以及肝脏、肾脏的负担，引起腹泻、中毒，甚至死亡。

必须指出，蛋白质品质是肉兔营养中的重要问题。蛋白质品质高低主要取决于组成蛋白质的氨基酸种类及数量。按肉兔的营养需要，必需氨基酸有精氨酸、赖氨酸、蛋氨酸、组氨酸、亮氨酸、异亮氨酸、苏氨酸、缬氨酸、甘氨酸、色氨酸和苯丙氨酸等。经试验证明，在日增重 35~40 克的育成兔日粮中，应含有精氨酸 0.6%，赖氨酸 0.65%，含硫氨基酸 0.61%。赖氨酸和蛋氨酸是限制性氨基酸，对肉兔的营养作用十分重要，其含量高则对其他氨基酸的利用率高，在肉兔日粮中适当添加赖氨酸和蛋氨酸，也就提高了蛋白质的利用率。

实践证明，多种饲料配合饲喂，可充分发挥氨基酸之间的互补作用，明显提高饲料蛋白质的利用率。棉籽饼中添加赖氨酸和蛋氨酸，菜籽饼中添加蛋氨酸是肉兔最好的蛋白质饲料。因此，在饲养实践中，必须重视多种饲料的合理搭配和日粮的加工调制。

三、粗纤维

粗纤维是指植物性饲料中难消化的物质，它在维持肉兔正常消化机能、保持消化物稠度、形成硬粪及消化运转过程中起着重要的物理作用。成年兔饲喂高能量、高蛋白质日粮往往事与愿违，不但不能产生加快生长的效应，反而会导致消化道疾病，其主要原因是粗纤维供给量过少，因而使肠道蠕动减慢，食物通过消化道时间延长，造成结肠内压升高，从而引起消化紊乱，出现腹泻，死亡率增加。但日粮中粗纤维含量过高，也会引起肠道蠕动过速，日粮通过消化道速度加快，营养浓度降低，导致生产性能下降。

据试验，日粮中适宜的粗纤维含量为12%~14%。幼兔可适当低些，但不能低于8%；成年兔可适当高些，但不能高于20%。6~12周龄的生长兔饲喂含粗纤维8%~10%的日粮可获得最佳生产效果。如果粗纤维水平提高到13%~14%，则饲料转换率降低12%~15%。

四、脂肪

脂肪是提供能量和沉积体脂的营养物质之一，也是构造兔体组织的重要组成成分。据试验，成年兔日粮中的脂肪含量应为2%~4%，妊娠和哺乳母兔日粮中应含4%~5%。日粮中脂肪含量不足，则会导致兔体消瘦和脂溶性维生素缺乏症，公兔副性腺退化，精子发育不良，母兔则受胎率下降，产仔数减少。相反，日粮中脂肪含量过高，则会引起饲料适口性降低，甚至出现腹泻、死亡等。

肉兔体内的脂肪主要是由饲料中的碳水化合物转变为脂肪酸后而合成的。但脂肪酸中的18碳二烯酸（亚麻油酸）、18碳三烯酸（次亚麻油酸）和20碳四烯酸（花生油酸）在兔体内不能合成，必须由饲料中供给，称为必需脂肪酸。必需脂肪酸在兔体内的作用极为复杂，缺乏时则会引起生长发育不良，公兔精细管退化，畸形精子数增加和母

兔繁殖性能下降等不良现象。

五、水

水是肉兔生命活动所必需的物质，体内营养物质的运输、消化、吸收和粪便的排除，都需要水分。此外，肉兔体温的调节和机体的新陈代谢活动都需要水的参与。在缺水情况下，常会引起食欲减退，消化机能紊乱，甚至死亡。

据试验，肉兔的需水量一般为采食干物质量的 1.5~2.5 倍，每日每只每千克体重的肉兔需水量为 100~120 毫升。当然，肉兔的饮水量还与季节、气温、年龄、生理状态、饲料类型等因素有关。炎热的夏季饮水量增加；青绿饲料供给充足，饮水量减少；幼兔生长发育快，饮水量相对比成年兔多，哺乳母兔饮水量更多。

六、矿物质

矿质元素在兔体内的含量很少，约占成年兔体重的 4.8%，但参与机体内的各种生命活动，在整个机体代谢过程中起着重要作用，是保证肉兔健康、生长、繁殖所不可缺少的营养物质。

钙和磷是肉兔体内含量最多的矿物质元素，是构成骨骼的主要成分。日粮中钙、磷不足，则会引起幼兔的佝偻病、成年兔的软骨病。钠和氯在机体酸碱平衡中起着重要作用，也是维持细胞体液渗透压的重要离子，如长期缺乏则会引起食欲减退，生长迟缓，饲料利用率下降。据试验，肉兔日粮中适宜的含钙量为 1.0%~1.5%，磷为 0.5%~0.8%；日粮中食盐的添加量为 0.5% 左右；钾的适宜含量为 0.6%~1.0%，镁的含量为 0.25%~0.35%；每千克日粮中锌的添加量为 50 毫克，铜为 5 毫克，钴为 1 毫克，硒为 0.1 毫克。

七、维生素

维生素是一类低分子有机化合物，在肉兔体内含量甚微，大多数参与酶分子构成，发挥生物学活性物质作用，与肉兔的生长、繁殖、健康等关系较为重要的有维生素 A、维生素 D、维生素 E、维生素 K。据试验，生长兔和种公兔每千克体重每日需维生素A 8 微克，繁殖母

兔需 14 微克，相当于每千克日粮中应含维生素 A 580 国际单位和 1160
国际单位。成年新西兰白兔，每千克日粮含维生素 D 900~1000 国际单
位即可满足其需要；维生素 E 的最低推荐量为每天 0.32 毫克／千克体
重；维生素 K 的推荐量为每千克日粮 2 毫克。

第二节　肉兔的常用饲料原料

饲料是肉兔养殖生产的基础，饲料成本占养兔成本的 70％以上，
良好的饲料供给是获得养兔生产效果和养兔经济效益的重要保证，而
优良的原料又是家兔饲料质量的保证。

一、常用粗饲料利用特点

粗饲料原料是指干物质中粗纤维含量在 18％以上的饲料原料。粗
饲料原料的特点是：体积大，比重轻，难消化粗纤维含量高，可利用
成分少。但对家兔而言，由于其消化生理特点所决定，粗饲料是其配
合饲料中不可缺少的原料。

粗饲料原料包括：青干草、作物秸秆、作物秧、作物藤蔓、作物
荚壳（秕壳）糠皮类等，这些粗饲料原料都具有自己特有的营养特性
和利用特点。

（一）青干草

青干草是指天然草场或人工栽培牧草适时刈割，再经干燥处理后
的饲草。晒制良好的青干草，颜色青绿，味芳香，质地柔软，适口性
好；叶片不脱落，保持了绝大部分的蛋白质、脂肪、矿物质和维生素。
适时刈割晒制的青干草，营养含量丰富，是家兔的优质粗饲料。青干
草主要包括两大类，即：豆科青干草和禾本科青干草，也有极少数其
他科青干草。

1. 豆科青干草

豆科牧草由豆科饲用植物组成的牧草类群，又称豆科草类。豆科
牧草主要有苜蓿、三叶草、草木樨、红豆草、紫云英等属，其中紫花
苜蓿和白三叶草是最优良的牧草。大多为草本，少数为半灌木、灌木

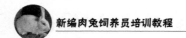

或藤本。豆科青干草是指豆科牧草干燥后的饲草，其养特点是：粗蛋白含量高而且蛋白质量好，粗纤维含量较低，钙及维生素含量丰富，饲用价值高，所含蛋白可以取代家兔配合饲料中豆饼（粕）等的蛋白而降低饲料成本。

目前，豆科草以人工栽培为主，如我国各地普遍栽培的苜蓿、红豆草等。豆科牧草最佳刈割时期为现蕾至初花阶段。国外栽培的豆科牧草以苜蓿、三叶草为主，法国、德国、西班牙、荷兰等养兔先进国家的家兔配合饲料中，苜蓿和三叶草的比例可占到45%~50%，有的甚至高达90%。

2. 禾本科青干草

禾本科青干草来源广泛，数量大，适口性较好，易干燥，不落叶。与豆科青干草相比较，粗蛋白含量低，钙含量低，胡萝卜素等维生素含量高。

目前，禾本科草以天然草场为主，其最佳收割时期为孕穗至抽穗阶段。此时，粗纤维含量低，质地柔软；粗蛋白含量高，胡萝卜素含量也高；产量高。禾本科青干草在兔配合饲料中可占到30%~45%。

（二）作物秸秆

作物秸秆是农作物收获籽实后的副产品。如玉米秸、玉米芯、稻草、谷草、各种麦秸、豆类和花生秸秆等。这类粗饲料粗纤维含量高达30%~50%，其中的木质素比例大，一般为6%~12%，所以适口性差、消化率低、能量价值低；蛋白质含量只有2%~8%，蛋白质的品质也比较差，缺乏必需氨基酸（豆科作物较禾本科作物的秸秆要好些）；矿物质含量高，如稻草高达17%，其中大部分为硅酸盐，钙、磷含量低，比例也不适宜；除维生素D以外，其他维生素都缺乏，尤其是缺乏胡萝卜素。因此，作物秸秆的营养价值非常低，但由于家兔饲料中需要有一定量的粗纤维，这类饲料原料作为家兔配合饲料的组成部分主要是补充粗纤维。

1. 玉米秸

玉米秸的营养价值因品种、生长时期、秸秆部位、晒制方法等不同而有所差异。一般来说，夏玉米秸比春玉米秸营养价值高，叶片较茎营养价值高，快速晒制较长时间风干的营养价值高。晒制良好的玉米秸秆呈青绿色，叶片多，外皮无霉变，水分含量低。玉米秸秆的营养价值略高于玉米芯，与玉米皮相近。

利用玉米秸作为家兔配合饲料中粗饲料原料时必须注意以下几点。

（1）防发霉变质　玉米秸有坚硬的外皮，秸内水分不易蒸发，贮藏备用时必须保证玉米叶和茎都晒干，否则会发霉变质。

（2）加水制粒　玉米秸秆容重小，膨松，为保证制粒质量，可适当增加水分（以10%为宜），同时添加粘结剂（如加入0.7%~1.0%的膨润土），制出的颗粒要注意晾干水分，降至8%~10%。

（3）适宜的比例　玉米秸秆作为家兔配合饲料中粗饲料原料时，其比例可占20%~40%。

2. 稻草

是家兔重要的粗饲料原料。据测定，稻草含粗蛋白质5.4%，粗脂肪1.7%，粗纤维32.7%，粗灰分11.1%，钙0.28%，磷0.08%。稻草作为家兔配合饲料中粗饲料原料时，其比例可占10%~30%。稻草在配合饲料中所占比例比较高的时候，要特别注意钙的补充。

3. 麦秸

麦秸是家兔粗饲料原料中质量较差的，其营养成分因品种、生长时期等的不同而有所差异。

麦类秸秆中，小麦秸的分布最广，产量最多，但其粗纤维含量高，并含有较多难以被利用的硅酸盐和蜡质，长期饲喂容易"上火"和便秘，影响生产性能。麦类秸秆中，大麦秸、燕麦秸和荞麦秸的营养较小麦秸要高，且适口性好。麦类秸秆在家兔配合饲料中的比例以5%左右为宜，一般不超过10%。

4. 豆秸

豆秸在收割和晾晒过程中叶片大部分凋落，剩余部分以茎秆为主，所以维生素已被破坏，蛋白质含量减少，营养价值较低，但与禾本科作物秸秆相比较，其蛋白质含量相对较高。以茎秆为主的豆秸，多呈木质化，质地坚硬，适口性差。豆秸主要有大豆秸、豌豆秸、蚕豆秸和绿豆秸等。

在豆类产区，豆秸产量大、价格低，深受养兔者的欢迎。家兔配合饲料中豆秸可占35%左右，且生产性能不受影响。

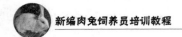

5. 谷草

是禾本科秸秆中较好的粗饲料原料。谷草中的营养物质含量相对较高：干物质 89.8%，粗蛋白质 3.8%，粗脂肪 1.6%，粗纤维 37.3%，无氮浸出物 41.4%，粗灰分 5.5%。谷草易贮藏，卫生，营养价值高，用于制粒时制粒效果好，是家兔优质秸秆类粗饲料。家兔配合饲料中谷草比例可占到 35% 左右。使用谷草作为粗饲料原料，而且比例比较大的时候，注意补充钙。

（三）作物秧及藤蔓

作物秧及作物藤蔓是一类优良的粗饲料原料，主要有花生秧、甘薯蔓等。

1. 花生秧

是一种优良的粗饲料原料，其营养价值接近豆科干草，干物质 90% 以上，其中粗蛋白质 4.60%~5.00%，粗脂肪 1.20%~1.30%，粗纤维 31.80%~34.40%，无氮浸出物 48.10%~52.00%，粗灰分 6.70%~7.30%，钙 0.89%~0.96%，磷 0.09%~0.10%，并含有铜、铁、锰、锌、硒、钴等微量元素。花生秧应在霜降前收割，鲜花生秧水分高，收割后要注意晾晒，防止发霉。晒制良好的花生秧应是色绿、叶全、营养损失较小。作为家兔配合饲料中粗饲料原料时可占 35%。

2. 甘薯蔓

甘薯又称红薯、白薯、地瓜、红苕等。甘薯蔓可作为家兔的青绿饲料，也可作为家兔的粗饲料。甘薯蔓中含有胡萝卜素 3.5~23.2 毫克 / 千克。可作为家兔的青绿饲料来鲜喂，也可晒制后作为粗饲料使用。因其鲜蔓中水分含量高，晒制过程中一定要勤翻，防止腐烂变质。晒制良好的甘薯蔓营养丰富，干物质占 90% 以上，其中粗蛋白质 6.1%~6.7%，粗脂肪 4.1%~4.5%，粗纤维 24.7%~27.2%，无氮浸出物 48.0%~52.9%，粗灰分 7.9%~8.7%，钙 1.59%~1.75%，磷 0.16%~0.18%。家兔配合饲料中可加至 35%~40%。

（四）作物荚（秕）壳

秕壳类粗饲料原料主要是指各种植物的籽实壳，其中含有不成熟的农作物籽实。秕壳类粗饲料原料的营养价值高于同种农作物秸秆（花生壳除外）。

豆类荚壳可占兔饲料的 10%~20%，花生壳的粗纤维含量虽然高达 60%，但生产中以花生壳作为家兔的主要粗饲料原料占 30%~40%，对青年兔和空怀兔无不良影响，且兔群很少发生腹泻。但花生壳与花生饼（粕）一样，极易感染霉菌，使用时应特别注意。

谷物类秕壳的营养价值比豆类荚壳低。其中，稻谷壳因其含有较多的硅酸盐，不仅会给制粒机械造成损害，也会刺激兔的消化道引起溃疡，稻壳中有些成分还有促进饲料酸败的作用；高粱壳中含有单宁（鞣酸），适口性较差；小麦壳和大麦壳营养价值相对较高，但麦芒带刺，对家兔消化道有一定的刺激。因此，这些秕壳在家兔配合饲料中的比例不宜超过 8%。

葵花籽壳在秕壳类粗饲料原料中营养价值较高，可添加 10%~15%。

（五）其他类粗饲料原料

还有一些农作物的其他部分也能做为家兔的粗饲料原料，比如玉米芯。玉米芯含粗蛋白质 4.6%，可消化能 1674 千焦 / 千克，酸性洗涤纤维（ADF）49.6%，纤维素 45.7%，木质素 15.8%。家兔配合饲料中可加入 10%~15%。玉米芯粉碎时要消耗较高的能源。

二、常用能量饲料原料

通常把粗纤维含量低于 18%、粗蛋白含量低于 20% 的饲料原料称作能量饲料原料。能量饲料原料主要包括谷物籽实类、糠麸类及油脂类等。能量饲料原料是家兔配合饲料中主要能量来源。能量饲料原料的共同特点是：蛋白含量低且蛋白品质较差，某些氨基酸含量不足，特别是赖氨酸和蛋氨酸含量较少；矿物质含量磷多、钙少；B 族维生素和维生素 E 含量较多，但缺乏维生素 A 和维生素 D。

（一）谷物籽实类能量饲料原料

谷物籽实类是兔的主要能量饲料原料，作为兔能量饲料原料的谷物籽实主要包括：玉米、高粱、小麦、大麦、燕麦等。

（二）糠麸类能量饲料原料

糠麸类饲料原料是粮食加工副产品，资源比较丰富。主要有：小麦麸和次粉、米糠、小米糠、玉米糠、高粱糠等。

（三）油脂类能量饲料原料

油脂是最好的一类能量饲料原料，包括植物油脂和动物油脂两大类，特点是能值很高。家兔日粮中添加适量的脂肪，不仅可以提高饲料能量水平，改善颗粒饲料质地和适口性，促进脂溶性维生素的吸收，提高饲料转化率和促进生长，同时能够增加皮毛的光泽度。但在我国养兔生产实践中，很少有人在饲料中添加脂肪，一方面人们认为正常情况下家兔日粮结构中多以玉米作为能量饲料原料，其脂肪含量一般可以满足家兔需要；另一方面饲料中添加的脂肪必须是食用脂肪，否则质量难以保证，所以价格较高，添加脂肪必将提高饲料成本。我国养兔生产实践中，无论是自配料，还是市场上众多的商品饲料，其能量水平均难以达到家兔的饲养标准，所以有必要在家兔饲料中添加适量油脂。

三、常用蛋白质饲料原料

通常将粗蛋白质含量在 20% 以上的饲料原料称为蛋白饲料原料。蛋白饲料原料是家兔饲粮中蛋白质的主要来源。

（一）植物性蛋白饲料原料

植物性蛋白饲料原料是家兔饲粮蛋白质的主要来源，具体包括豆类作物（主要有大豆、黑豆、绿豆、豌豆、蚕豆等）、油料作物籽实加工副产品 [如花生饼（粕）、葵花籽饼（粕）、芝麻饼、菜籽饼（粕）、棉籽饼（粕）等] 以及其他作物加工副产品 [如玉米蛋白粉、玉米蛋白饲料、玉米酒精蛋白、喷浆蛋白（喷浆纤维）、玉米胚芽饼（粕）、麦芽根、小麦胚芽粉等]。

（二）动物性蛋白饲料原料

动物性蛋白饲料原料是指渔业、食品加工业或乳制品加工业的副产品。这类饲料原料蛋白质含量极高（45%~85%），蛋白品质好，氨基酸品种全、含量高、比例适宜；消化率高；粗纤维极少；矿物质元素钙磷含量高且比例适宜；B 族维生素（尤其是核黄素和维生素 B_{12}）含量相当高，是优质蛋白质饲料原料。

常用的有鱼粉、蚕蛹粉与蚕蛹饼、血粉、羽毛粉、肉骨粉和肉粉、血浆蛋白粉等。

（三）单细胞蛋白饲料原料

单细胞蛋白是指单细胞或具有简单构造的多细胞生物的菌体蛋白，由此而形成的蛋白质较高的饲料称为单细胞蛋白饲料（SCP），又称微生物蛋白饲料。主要有酵母类（如酿酒酵母、热带假丝酵母等）、细菌类（如假单胞菌、芽孢杆菌等）、霉菌类（如青霉、根霉、曲霉、白地霉等）和微型藻类（如小球藻、螺旋藻等）等4类。

家兔饲粮中添加饲料酵母，可以促进盲肠微生物生长，减少胃肠道疾病，增进健康，改善饲料利用率，提高生产性能。但家兔饲粮中饲料酵母的用量不宜过高，否则会影响饲粮适口性，降低生产性能。用量以2%~5%为宜。

四、常用矿物质、微量元素补充饲料

家兔饲料中虽然含有一定量的矿物质元素，而且由于其采食饲料的多样性，在一定程度上可以互相补充而满足机体需要，但在舍饲条件下或对高产家兔来说，矿物质元素的需要量大大增加，常规饲料中的矿物质元素远远不能满足生产需要，必须另行添加。

常量矿物质元素补充饲料主要有食盐、钙补充饲料（碳酸钙、石粉、石灰石、方解石、贝壳粉、蛋壳粉、硫酸钙等，其中以石粉和贝壳粉最为常见）、磷补充饲料（如磷酸氢钙类和骨粉）。

目前，因微量元素添加量比较少，单质微量元素长久贮存后容易出现结块等，因此除大型饲料生产企业和大型规模化养殖场采购单体微量元素化合物外，大部分使用市场上销售的复合微量元素添加剂产品。复合微量元素添加剂产品有通用（各种家畜通用）的，也有各种家畜专用的，而专用产品更具针对性，效果更好，一般建议用家兔专用产品。规模化养兔场也可以委托微量元素添加剂企业代加工自己场专用产品，质量会更稳定，效果会更好。

自然界中的一些物质中含有丰富的天然矿物质元素，这些物质包括稀土、沸石、麦饭石、海泡石、凹凸棒石、蛭石等。

五、饲料添加剂及其营养和利用特点

饲料添加剂是指在饲料加工、制作、使用过程中添加的少量或微量物质。饲料中使用饲料添加剂的目的在于，完善饲料中营养成分的不足或改善饲料品质，提高饲料利用率，抑制有害物质，防止畜禽疾病及增进动物健康。从而达到提高动物生产性能、改善畜产品品质、保障畜产品安全、节约饲料及增加养殖经济效益的目的。饲料添加剂的种类繁多，用途各异，目前大多按其作用分为营养性饲料添加剂和非营养性饲料添加剂两大类。添加剂是现代配合饲料不可缺少的组成部分，也是现代集约化养殖不可缺少的内容。

（一）营养性饲料添加剂

营养性添加剂主要是用来补充天然饲料营养（主要是维生素、微量元素、氨基酸）成分的不足，平衡和完善日粮组分，提高饲料利用率，最终提高生产性能，提高产品数量和质量，节省饲料和降低成本。营养性饲料添加剂是最常用而且最重要的一类添加剂，包括氨基酸、维生素和微量元素三大类。

（二）非营养性饲料添加剂

非营养性饲料添加剂是添加到饲料中的非营养物质，种类很多，所起作用是提高饲料利用率、促进动物生长和改善畜产品质量。具体包括：生长促进剂、驱虫保健剂、饲料品质改良剂、饲料保存改善剂和中药添加剂等。

中草药的成分和作用比较复杂，特异性差，绝大多数中草药兼有营养性和非营养性两方面的作用，很难加以区分，所以中草药添加剂也就很难区分营养性和非营养性。中草药添加剂被真正深入研究推广是在 20 世纪 80 年代，目前已有近 300 种中草药作为饲料添加剂。这里按所用中草药种类的多少分为单方和复方来汇总一些家兔用中草药添加剂及其使用效果。

1. 单方中草药添加剂

（1）大蒜　每只兔日喂 2~3 瓣大蒜，可防治兔球虫、蛲虫、感冒及腹泻。饲料中添加 10% 的大蒜粉，不仅可提高日增重，还可以预防多种疾病。

（2）黄芪粉　每只兔日喂 1~2 克黄芪粉，可提高日增重，增强抗病力。

（3）陈皮　肉兔饲料中添加 5% 的橘皮粉可提高日增重，改善饲料利用率。

（4）石膏粉　每只兔日添喂 0.5% 石膏粉，产毛量提高 19.5%，也可治疗兔食毛症。

（5）蚯蚓　含有多种氨基酸，饲喂家兔有增重、提高产毛、提高母兔泌乳等作用。

（6）青蒿　青蒿 1 千克，切碎，清水浸泡 24 小时，置蒸馏锅中蒸馏，取液 1 升，再将蒸馏液重新蒸馏取液 250 毫升，按 1% 比例拌料喂服，连服 5 天，可治疗兔球虫病。

（7）松针粉　每天给兔添加 20~50 克，可使肉兔体重增加 12%，毛兔产毛量提高 16.5%，产仔率提高 10.9%，仔兔成活率提高 7%，獭兔毛皮品质提高。

（8）艾叶粉　用艾叶粉取代基础日粮中 1.5% 的小麦麸，日增重提高 18%。

（9）党参　美国学者报道，党参的提取物可促进兔的生长，使体重增加 23%。

（10）沙棘果渣　据报道，饲料中添加 10%~60% 的沙棘果渣喂兔，能使适繁母兔怀胎率提高 8%~11.3%，产仔率提高 10%~15.1%，畸形、死胎减少 13.6%~17.4%，仔兔成活率提高 19.8%~24.5%，仔兔初生重提高 4.7%~5.6%，幼兔日增重提高 11%~19.2%，青年母兔日增重提高 20.5%~34.8%，还能提高母兔泌乳量，降低发病率，使兔的毛色发亮。

2. 复方中草药添加剂

（1）催长散　山楂、神曲、厚朴、肉苁蓉、槟榔、苍术各 100 克，麦芽 200 克，淫羊藿 80 克，大黄 60 克，陈皮、甘草各 20 克，蚯蚓、蔗糖各 1000 克，每隔 3 天添加 0.6，新西兰白、加利福尼亚、青紫蓝兔增重率分别提高 30.7%、12.3% 和 36.2%。

（2）催肥散　麦芽 50 份，鸡内金 20 份，赤小豆 20 份，芒硝 10 份，共研细末，每只兔日喂 5 克，添加 2.5 个月，比对照组多增重 500 克。

（3）增重散　方 1：黄芪 60%，五味子 20%，甘草 20%，每只兔日喂 5 克，肉兔日增重提高 31.41%。方 2：苍术、陈皮、白头翁、马齿苋各 30 克，黄芪、大青叶、车前草各 20 克，五味子、甘草各 10 克，共研细末，每日每只兔 3 克，提高增重率 19%。方 3：山楂、麦芽各 20 克，鸡内金、陈皮、苍术、石膏、板蓝根各 10 克，大蒜、生姜各 5 克，以 1% 添加，日增重提高 17.4%。

（4）催情散　组方 1：党参、黄芪、白术各 30 克，肉苁蓉、阳起石、巴戟天、狗脊各 40 克，当归、淫羊藿、甘草各 20 克，粉碎后混合，每日每只兔 4 克，连喂 1 周，对无发情表现母兔，催情率 58%，受胎率显著提高，对性欲低下的公兔，催情率达 75%。组方 2：淫羊藿 19.5%，当归 12.5%，香附 15%，益母草 34%，阳起石 19%。每日每只兔 10 克，连喂 7 天，有较好的催情效果。

六、青绿多汁饲料

一般指的是天然水分含量高于 60% 的一类饲料，凡是家兔可食的绿色植物都包含在此类饲料中。这类饲料来源广、种类多，主要包括牧草类、青刈作物类、蔬菜类、树叶类、块根块茎类等。

青绿多汁饲料具有很好的适口性和润便作用，与干、粗饲料适当搭配有利于粪便排泄。一般水分含量为 70%~95%，柔软多汁，适口性好，消化率高，具有轻泻作用。而能值低，一般含粗蛋白质 0.8%~6.7%，按干物质计为 10%~25%。含有多种必需氨基酸，如苜蓿所含的 10 种必需氨基酸比谷物类饲料多，其中赖氨酸含量比玉米高出 1 倍以上。粗蛋白质的消化率达 70% 以上，而小麦秸仅为 8%。

青绿多汁饲料最突出的特点是维生素含量丰富而且种类多，也是其他饲料无法比拟的，如与玉米籽实相比，每千克青草胡萝卜素高 50~80 倍，维生素 B_2 高 3 倍，泛酸高近 1 倍。另外，还含有烟酸、维生素 C、维生素 E 及维生素 K 等，不含维生素 D。矿物质含量丰富，尤其是钙、磷含量多而且比例合适。豆科牧草的含钙量高于其他科植物。

第三节　肉兔的饲养标准和饲料配合

一、兔的饲养标准

（一）饲养标准

饲养标准，也即营养需要量，是通过长期研究、无数试验，给不同畜种、不同品种、不同生理状态、不同生产目的和不同生产水平的家畜，科学地规定出应该供给的能量及其他各种营养物质的数量和比例，这种按家畜不同情况规定的营养指标，便称为饲养标准。饲料标准中规定了能量、粗蛋白、氨基酸、粗纤维、粗灰分、矿物质、维生素等营养指标的需要量，通常以每千克饲粮的含量和百分比数来表示。肉兔饲养标准是设计家兔饲料配方的重要依据。

（二）使用饲养标准应注意的问题

1. 因地制宜，灵活运用。

任何饲养标准所规定的营养指标及其需要量只是个参考，实际生产中要根据自身的具体情况（品种、管理水平、设施状态、生产水平、饲料原料资源等）灵活应用。

2. 实践检验，及时调整。

应用饲养标准时，必须通过实践检验，利用实际运用效果及时进行适当调整。

3. 随时完善和充实

饲养标准本身并非永恒不变的，需要随生产实践中不断检验、科学研究的深入和生产水平的提高来进行不断修订、充实和完善的。

（三）家兔饲养标准

国外对家兔营养需要量研究较多的国家有：法国、德国、西班牙、匈牙利、美国及苏联。我国家兔营养需要研究工作起始于 20 世纪 80 年代，但至今尚未形成规范的家兔饲养标准。部分国内不同研究单位推荐的肉兔和獭兔营养需要标准或建议营养供给量，见表 3–1 和表 3–2，供参考。

表 3-1 南京农业大学等单位推荐的中国兔建议营养供给量

营养成分	生理阶段				
	生长兔		妊娠兔	哺乳兔	生长育肥兔
	3~12 周龄	12 周龄后			
消化能（兆焦 / 千克）	12.12	10.4~11.29	10.45	10.8~11.29	12.12
粗蛋白质（%）	18	16	15	18	16~18
粗纤维（%）	8~10	10~14	10~14	10~12	8~10
粗脂肪（%）	2~3	2~3	2~3	2~3	3~5
蛋 + 胱氨酸（%）	0.7	0.6~0.7	0.6~0.7	0.6~0.7	0.4~0.6
赖氨酸（%）	0.9~1.0	0.7~0.9	0.7~0.9	0.8~1.0	1
精氨酸（%）	0.8~0.9	0.6~0.8	0.6~0.8	0.6~0.8	0.6
钙（%）	0.9~1.1	0.5~0.7	0.5~0.7	0.8~1.1	1
磷（%）	0.5~0.7	0.3~0.5	0.3~0.5	0.5~0.8	0.5
食盐（%）	0.5	0.5	0.5	0.5~0.7	0.5
铜（毫克 / 千克）	15	15	15	10	20
锌（毫克 / 千克）	70	40	40	40	40
铁（毫克 / 千克）	100	50	50	100	100
锰（毫克 / 千克）	15	10	10	10	15
镁（毫克 / 千克）	300~400	300~400	300~400	300~400	300~400
碘（毫克 / 千克）	0.2	0.2	0.2	0.2	0.2
维生素 A（国际单位 / 千克）	6000~10000	6000~10000	8000~10000	8000~10000	8000
维生素 D（国际单位 / 千克）	1000	1000	1000	1000	1000

（资料来源：杨正，现代养兔，1999 年 6 月，中国农业出版社）

表 3-2　中国农科院兰州畜牧研究所推荐的肉用兔饲养标准

营养成分	生理阶段			
	生长兔	妊娠母兔	哺乳母兔及仔兔	种公兔
消化能（兆焦/千克）	10.46	10.46	11.30	10.04
粗蛋白质（%）	15~16	15.00	18.00	18.00
蛋能比（克/兆焦）	14~16	14	16	18
钙（%）	0.5	0.8	1.1	—
磷（%）	0.3	0.5	0.8	—
钾（%）	0.8	0.9	0.9	—
钠（%）	0.4	0.4	0.4	—
氯（%）	0.4	0.4	0.4	—
含硫氨基酸（%）	0.5	—	0.60	—
赖氨酸（%）	0.66	—	0.75	—
精氨酸（%）	0.90	—	0.80	—
苏氨酸（%）	0.55	—	0.70	—
色氨酸（%）	0.15	—	0.22	—
组氨酸（%）	0.35	—	0.43	—
苯丙氨酸+酪氨酸（%）	1.20	—	1.40	—
缬氨酸（%）	0.70	—	0.85	—
亮氨酸（%）	1.05	—	1.25	—

二、饲料配方设计

合理地配制饲料是满足兔对各种营养物质的需要、降低饲养成本、获取最大经济效益的关键。

（一）饲料配方设计的原则

1. 科学性

配方设计要根据家兔的不同品种、年龄、生理状况和生产水平，结合本地区的生产实际经验，参照相应的饲养标准制定合理的营养水平。

2．营养全面平衡

饲料不仅要包括能量饲料、蛋白饲料、粗饲料和添加剂饲料（维生素饲料、常量矿物质饲料、微量矿物质饲料和药物添加剂），而且各饲料组分的比例必须合理。

3．安全性

饲料要保证安全、无害。不能使用发霉变质、带泥沙、冰冻、含露水的、农药污染、含有毒素的饲料原料，也不能添加国家规定的禁用药物。

4．经济性和稳定性

配制饲料的原料来源要广，价格要便宜，供给要充足，既要保证经济实惠又要兼顾稳定。如果日粮组成改变过大过快，会影响家兔的采食，产生消化不良等情况。

5．适口性

尽量选择兔喜食、营养价值高且易被兔消化吸收的原料。一般而言，兔子喜吃味甜、多汁、香脆的植物性饲料；不爱吃有腥味、干粉状和有其他异味的饲料。

（二）饲料配方的设计方法

目前生产上常用的有电脑法和试差法。

1．电脑法

根据所选用的饲料原料、肉兔对各种营养物质的需要量以及市场价格，将有关数据输入电脑，并提出约束条件（如饲料配比、营养指标等），很快就能算出既能满足肉兔营养需求而价格又相对较低的饲料配方。

2．试差法

在不具备用电脑完成饲料配方设计的情况下，我们常用试差法来计算，这是专业知识、算术运算及计算经验相结合的一种配方计算方法。可以同时计算多个营养指标，不受饲料原料限制，但要配平衡一个营养指标满足已确定的营养需要，一般要反复试算多次。现以生长兔的日粮配方设计为例，介绍试差法设计饲料配方的具体步骤。

（1）确定饲料原料种类　根据当地的资源，选定所用原料，如玉米、大麦、麦麸、豆粕、菜籽饼、蚕蛹、苜蓿草粉、骨粉、食盐等，并查出他们的主要营养成分表，见表 3-3。

表 3-3   饲料营养价值表

饲料名称	消化能 （兆焦耳／千克）	粗蛋白 （%）	粗纤维 （%）	钙 （%）	磷 （%）
玉米	15.44	7.3	1.9	0.01	0.28
大麦	14.07	10.2	4.3	0.10	0.46
麦麸	12.91	15.6	9.2	0.14	0.96
豆粕	13.54	42.3	3.6	0.28	0.57
菜籽饼	13.33	36.0	11.0	0.76	0.88
蚕蛹	23.10	45.3	5.3	0.29	0.58
苜蓿草粉	5.82	11.5	30.5	1.65	0.17
骨粉	—	—	—	21.84	11.25
食盐	—	—	—		

（2）确定营养指标   根据兔的饲养标准，查出生长兔需要的主要营养需要指标，见表 3-4。

表 3-4   生长兔的营养需要

消化能 （兆焦／千克）	粗蛋白质 （%）	粗纤维 （%）	钙 （%）	磷 （%）
10.46	16	10~12	0.40	0.22

（3）根据生产实际初步确定各类饲料的大致比例（表 3-5）

表 3-5   各类饲料大致比例   （单位:%）

饲料 原料	玉米	大麦	麦麸	豆饼	菜籽饼	蚕蛹	苜蓿 草粉	骨粉	食盐	添加剂
用量	15	20	30	4	7	3	20	0.5	0.5	1.0

（4）计算整个饲料配方的营养指标   计算方法是用每一种饲料在配合料中所占的百分比，分别去乘该种饲料的消化能、粗蛋白质、粗

纤维、钙、磷等含量，再将各种饲料的每项营养成分进行累加，即得出初拟配方中的每千克饲料所含的主要营养成分指标，见表3-6。

表3-6　饲料配方营养指标计算表

原料	用量（%）	消化能（兆焦/千克）	粗蛋白质（%）	粗纤维（%）	钙（%）	磷（%）
玉米	15	0.15×15.44 =2.316	0.15×7.30 =1.095	0.15×1.90 =0.285	0.15×0.01 =0.0015	0.15×0.28 =0.042
大麦	20	0.20×14.07 =2.814	0.20×10.20 =2.04	0.20×4.30 =0.86	0.20×0.10 =0.02	0.20×0.46 =0.092
麦麸	29	0.29×12.91 =3.7439	0.29×15.60 =4.524	0.29×9.20 =2.668	0.29×0.14 =0.0406	0.29×0.96 =0.2784
豆粕	4	0.04×13.54 =0.5416	0.04×42.30 =1.692	0.04×3.60 =0.144	0.04×0.28 =0.0112	0.04×0.57 =0.0228
菜籽饼	7	0.07×13.33 =0.8331	0.07×36.00 =2.52	0.07×11.00 =0.77	0.07×0.76 =0.0532	0.07×0.88 =0.0616
蚕蛹	3	0.03×23.10 =0.693	0.03×45.30 =1.359	0.03×5.30 =0.159	0.03×0.29 =0.0087	0.03×0.58 =0.0174
苜蓿草粉	20	0.20×5.82 =1.164	0.20×11.50 =2.3	0.20×30.50 =6.1	0.20×1.65 =0.33	0.20×0.17 =0.034
骨粉	0.50	—	—	—	0.005×21.84 =0.1092	0.005×11.25 =0.05625
食盐	0.50	—	—	—	—	—
添加剂	1.0	—	—	—	—	—
合计	100	12.1056	15.53	10.986	0.5744	0.60445

（5）将计算出来的配合饲料的各种营养指标，与标准要求的营养指标进行比较　从表3-6可知，这个配方中的消化能、钙、磷含量均偏高，而粗蛋白含量偏低，因此需要进行调整。调整的方法是针对原配方存在的问题，结合各类饲料的营养特点，相应的进行部分饲料配合比例的增减，并继续计算，即重复第四、第五步，直至达到或接近标准为止。

（三）肉兔饲料配方实例

肉兔全价配合饲料推荐配方见表3-7。

表3-7　肉兔全价配合饲料推荐配方　　　　（单位:%）

饲料原料	比例		
	仔幼兔	生长兔	繁殖母兔
苜蓿草粉	30	31	35
玉米	23	28	20
小麦麸	21.8	21.8	22
大豆粕	15	11	16
菜粕	2	3	2
蚕蛹	4	2	2
碳酸氢钙	1	1	1
石粉	0.7	0.7	0.5
葡萄糖	1	—	—
预混料	1	1	1
食盐	0.5	0.5	0.5

三、颗粒饲料及应用

（一）颗粒饲料的优点

1. 适口性好

颗粒饲料在压制过程中，使混合粉料中的淀粉糊化，这样使压制成的颗粒饲料具有一定的香味，增加了颗粒饲料的适口性，能刺激家兔食欲，家兔很爱吃。据测定，喂颗粒饲料家兔可增加采食量10%~15%。

2. 具备一定的硬度

颗粒饲料不像湿拌粉料那么松软，硬度大大增加，很适合家兔爱啃咬硬物磨牙的习性，就不用专为家兔准备木块或树枝供家兔啃咬磨牙。

3. 可有效防止家兔因挑食而造成摄入营养不均衡的现象

在日常喂兔时，养兔户常常为家兔吃料时挑拣混合粉料中的饲料而犯愁，而颗粒饲料使各种饲料原料都充分混合并压制而成，家兔再没办法挑食。

4.提高了饲料的消化率

家兔吃颗粒饲料咀嚼的时间较长，可促进口腔多分泌淀粉酶，使家兔吃到口中的饲料充分和唾液混合，刺激肠道的蠕动，大大提高了饲料中营养物质的消化率。另外，颗粒饲料在压制过程中，经过短时高温、高压的综合作用，不仅使饲料中的淀粉糊化、蛋白质组织化，而且使酶活性增强，使饲料中含有的豆类及谷物中的一些阻碍营养物质消化利用的物质（如抗胰蛋白酶因子）钝化，这些都提高了饲料的消化率，有利于家兔胃肠的消化吸收。

5.杀菌消毒、减少疾病

颗粒饲料在压制过程中，经过高达70～100℃的短时高温，可杀死一部分寄生虫卵和病原微生物，使家兔疾病明显减少。实践证明，喂颗粒饲料家兔的腹泻病、口腔炎和异食癖明显减少。需注意的是，养兔户在加工颗粒料时，要及时晾晒干燥，以防饲料发霉。

（二）颗粒饲料的正确使用

1.驯饲

饲喂前要驯饲6~7天，使其逐渐习惯采食颗粒饲料。饲喂期间每日投料2次，任其自由采食。傍晚，补以少量青干草，提高消化率。颗粒饲料的日给量以每天饲槽中有少量剩余为准。

2.供给充足饮水

采食颗粒饲料需水量多，缺水时家兔拒食。所以要定时饮水，日饮水不少于2次。有条件的可装以自动饮水器更为理想。

3.防止受潮变质

颗粒饲料遇水会膨胀破碎，影响采食率和饲料利用率。所以雨季不宜在敞圈中使用。一般在枯草期使用，以避开雨季。如果使用，要特别注意防潮，少添勤添，防止剩料粉碎、受潮霉变。

四、兔饲料质量的判断标准

兔饲料质量的好坏直接影响着兔子的身体健康，因此，马虎不得，一定要选择那些质量过关的饲料才行。一般地，对于这兔饲料质量的判断，可以从以下几个方面入手。

1. 饲料对兔健康和生产性能的影响

首先要看饲喂饲料后兔子是否健康，采食、饮水、精神状态、粪便成型度、颜色、气味。如采食量低，则可能是适口性差或消化率低；如发生腹泻或氨味浓烈，则可能是粗纤维含量低或氨基酸组成不适宜。同时，在使用过程中要记录生长速度、繁殖性能、泌乳性能等生产指标，只有综合考虑，才能获得饲料应用的实际效果。

2. 饲料养分含量

饲料中所含养分可满足家兔需要量和比例关系程度是决定饲料质量的基础，所以判断饲料质量首先是分析其养分含量，对兔来说，特别重要的是能量、蛋白、粗纤维、矿物质的含量，其次要考虑氨基酸、维生素的含量和比例。

3. 饲料安全性

安全是使用饲料的前提，兔是一种体质敏感型动物，对饲料中的有毒有害成分抵抗力差，由于兔要采食大量粗饲料，所以容易受到粗饲料发霉产生的霉菌毒素的影响。此外一些非常规原料含有的毒素，饲料中抗生素滥用造成药物蓄积中毒和残留，这些都会降低兔养殖效益。

技能训练

感官判断兔用饲料原料玉米的质量

【目的要求】能通过眼观、鼻闻、触觉、味觉等简单的方法，简单判断兔用饲料质量。

【训练条件】兔用全价配合饲料（颗粒饲料）用的玉米。

【操作方法】

玉米的感官判定主要包括外观（色泽气味）、水分、不完善粒（尤其是发霉粒）、出芽率等。

1. 色泽气味：玉米的正常色泽呈黄色或白色（白玉米），无发霉味、酸味、虫、及杀虫剂残留，具体参考 GB/T 5492—2008 及 GB/T 20570。

2. 水分：感官判断方法见表 3-8。

表 3-8　玉米水分感官检测法

玉米水分	脐部	牙齿咬	手指掐	大把握	外观
14%~15%	明显凹下，有皱纹	震牙，有清脆声	费劲	有棘手感	—
16%~17%	明显凹下	不震牙，有响声	稍费劲	—	—
18%~20%	稍凹下	易碎，稍有响声	不费劲	—	有光泽
21%~22%	不凹下，平	极易碎	掐后自动合拢	—	较强光泽
23%~24%	稍凸起	—	—	—	强光泽
25%~30%	凸起明显	—	掐脐部出水	—	光泽特强
30%以上	玉米粒呈圆柱形	—	压胚乳出水	—	—

3．不完善粒：包含发霉粒、热损伤粒、生芽粒、病斑粒及虫蛀和杂质。

4．出芽率：参考 GB/T 5520—2011 粮油检验发芽试验。

【考核标准】

1．感官方法运用正确。

2．判断结果符合实际。

思考与练习

1．肉兔生长需要哪些主要的营养素？

2．简述肉兔常用粗饲料、能量饲料、蛋白质饲料、青绿多汁饲料、饲料添加剂、矿物质及微量元素饲料的利用特点。

3．怎样正确使用兔的颗粒饲料？

第四章　肉兔的饲养管理

知识目标

　　1.掌握不同生长阶段肉兔（仔兔、幼兔、青年兔）的饲养管理要领。

　　2.掌握不同生理阶段（种公兔、种母兔、商品肉兔）的饲养管理要领。

　　3.掌握不同季节肉兔的饲养管理要领。

技能要求

　　掌握家兔雌雄鉴别的方法。

第一节　不同生长阶段肉兔的饲养管理

一、仔兔的饲养管理技术

　　从初生到断奶这一阶段的小兔称为仔兔，它是兔由胎生期转向独立生活的过渡时期。仔兔初生后离开母兔，其所处环境发生了极大的变化，但是仔兔身体发育尚不完全，适应能力和自我保护能力极差，生命脆弱，对人具有高度的依赖性。而此期生长发育特别快，正常情况下初生后 1 周体重增加 1 倍, 30 天体重增加 10 倍左右。由此可知, 仔兔的饲养管理工作必须抓好每个环节, 采取有效措施, 以保证仔兔的正常生长发育。

根据仔兔生长发育特点, 可将仔兔阶段分为 2 个时期, 即睡眠期和开眼期, 要根据不同阶段仔兔的生理特点, 提供相应的饲养管理措施。

（一）睡眠期

刚初生的仔兔全身无毛, 闭眼, 12~15 日龄才会睁眼。因此, 将初生至 11 天左右称为仔兔的睡眠期, 此期的饲养管理要点如下。

1. 早吃奶, 吃饱奶

仔兔初生后 6~10 小时内应该吃到初乳。初乳水分含量低, 乳汁浓稠, 蛋白质含量比常乳高, 同时还含有丰富的磷脂、酶、激素、铁、镁盐等, 营养丰富, 同时还有轻泻的作用, 有利于胎粪的排出。母性好的母兔, 仔兔产后会很快喂奶。吃到初乳且吃饱奶的仔兔, 腹部滚圆, 肤色红润, 生长发育良好, 体质健壮, 生活能力强。生产中常见仔兔吃不到奶, 这些仔兔腹部扁平, 皮肤有皱褶, 在窝内到处乱爬, 如饲养人员一移动产仔箱, 则仔兔头向上窜, 并发出"吱吱"的叫声。对此, 我们要查明原因, 针对具体问题, 采取相应的措施。

对于有奶不喂的母兔, 要强制哺乳。将母兔固定, 保持安静, 将仔兔放在母兔乳头旁, 嘴顶母兔乳头, 强制让其自由吮乳, 连续 3~5 天后母兔便会自动喂奶。

在同窝仔兔数太多或母兔患有疾病（如乳房炎）的情况下, 可以通过寄养的方式调整仔兔。方法是：把产仔数较多或患病母兔的后代分给产仔数较少的健康母兔喂养, 但寄养与被寄养的仔兔间出生日期相差不要超过 3 天, 由于母兔嗅觉灵敏, 为防止母兔识别非自身仔兔进而拒绝哺乳或抓咬养仔, 要进行嗅觉的干扰, 可在喂奶前半个小时以上将被寄养仔兔放入带仔母兔的产箱内, 使气味充分混合, 到母兔喂奶时已分辨不出养兔的气味, 从而使寄养获得成功。实际生产中, 也有两窝及以上母兔产仔均较少的情况出现, 为提高群体繁殖性能, 可以将两窝仔兔合并为一窝, 另一只母兔重新参与配种。并窝的注意事项与寄养相同。

对于体况较好、产仔数多的母兔，可以采取分批喂奶的方式，即将仔兔按照体质强弱分为两批，早晚各哺乳1次，早上喂体质弱的1批，下午喂体质强的1批。对于分批哺乳的母兔，在饲养上要注意加强营养。

在没有其他母兔可以寄养仔兔的情况下，也可以采用人工哺乳的方式（图4-1），或者将体质弱小的仔兔弃掉，保证剩余健壮的仔兔吃饱吃好。

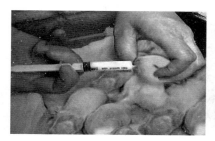 

图4-1　仔兔的人工哺乳

2. 及时发现和处理吊奶

仔兔哺乳时会将乳头叼得很紧，母兔哺乳完毕跳出产仔箱的时候，免不了要可能将仔兔带出箱外但又无力叼回，称为吊奶。饲养管理人员应随时检查，发现后及时把仔兔放回巢箱内（尤其是冬季），以避免仔兔长时间在箱外而死亡。

3. 保暖防冻，防兽害

仔兔出生后3~5天周身无毛，体温调节能力差，随着外界环境温度的变化而变化。在寒冷的季节如果不注意保温，在很短的时间内，仔兔的体温便会迅速下降，若处理不及时便会危及生命。因此，做好仔兔的保暖防冻工作是仔兔饲养管理的重点。

首先要做好接产工作，给母兔提供铺有垫草的产仔箱，避免其将仔兔产在箱外。产仔集中的时节，要注意巡查，及时救治产箱冻僵的仔兔。冬季寒冷季节，要采取各种措施进行保温，北方地区温度低，兔舍内要进行升温，或将仔兔集中到一个保暖室中，南方地区温度较高，可将产仔箱重叠，既能保温又能防兽害。产箱内要多置垫草和兔毛，保持温暖干燥。

对已经受冻的仔兔，可立即放入35℃温水中（图4-2），恢复后用柔软的纱布或棉花浸干仔兔身上的水，再放入产箱；或用火炕或电褥子取暖恢复后放入产箱。

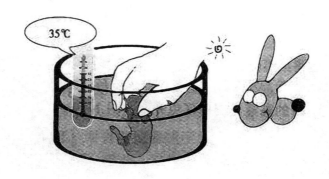

图4-2 受冻仔兔急救法

尽管仔兔的保暖很重要，但在夏季高温季节，要少放垫草和兔毛，并注意产箱通风换气，避免产箱内温度过高，以免仔兔热衰竭而亡。初生几天内的仔兔，其窝温保持在30~32℃为宜。

鼠害是兔场仔兔伤亡的主要原因之一，特别是睡眠期的仔兔，没有自我保护能力，老鼠一旦进入产箱内，就会将仔兔咬死甚至整窝吃掉，造成巨大的损失。而在兔舍内灭鼠相当困难。可用母仔分离饲养的方法，哺乳时将产仔箱放入母兔笼内，哺乳后将产仔箱移到安全的地方或将多个产仔箱重叠，减少鼠害的损失。除老鼠外，也容易出现猫、蛇、黄鼠狼等损害仔兔的情况，特别是在农村小规模养兔场，兔舍与周围环境隔离不严甚至没有隔离，很容易出现此种情况，应做好相应的预防工作。

4. 按时喂奶

对于母仔分养、规模大、种母兔多的兔场，可实行每日哺乳一次的办法。对带仔数较多的母兔，可采用早晚两次哺乳的方法。无论每天哺乳几次，都应按时喂奶，以利于母兔有规律地泌乳、休息和仔兔的消化吸收。喂奶时要注意对号哺乳，产仔箱的放置要有固定的顺序，并标记好相应的母兔号，以免弄错。同时，要检查仔兔是否吃饱，发现未吃饱的仔兔则要及时采取措施。

5.防治黄尿病

睡眠期内的仔兔最常发的疾病为黄尿病。黄尿病是由于母兔患乳房炎或乳房周围沾了含葡萄球菌的污物，仔兔吃奶时感染，进而发生急性肠炎，尿液呈黄色，并排出腥臭而黄色的稀粪，污染肛门周围，甚至沾染全身。仔兔黄尿病的原因在于母兔，因此，预防的方法是保证母兔健康无病，保持笼舍清洁卫生。仔兔一旦发生黄尿病，首先要与母兔隔离，并同时对母兔和仔兔进行治疗。

（二）开眼期

仔兔12~15日龄开始睁眼，一直到断奶的这段时间称为仔兔的开眼期。仔兔开眼后，活动能力增强，会在产箱内爬来爬去，数日后就能跳出产箱活动。此期的饲养管理要点如下。

1.人工辅助开眼

一般情况下，仔兔产后12~15天开眼，这个时候要仔细逐只检查，发现开眼不全的仔兔，可用药棉球蘸上温开水洗去封堵眼睛的黏液，也可用注射器吸入温水，冲洗眼睛，人工辅助仔兔开眼，否则可能形成大小眼或瞎眼（图4-3）。

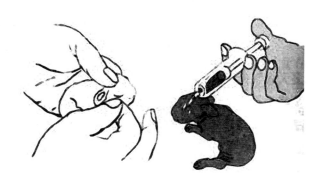

图4-3　人工辅助开眼操作示意

保持垫草中无杂物：巢箱用垫草中混有布条、棉线、绳子等杂物时，易造成仔兔被缠绕而窒息或残肢，应引起注意。

2．预产值班守候

母兔配种记录准确，明显标识分娩日期。母兔配种要有准确记录，笼门上挂配种标识牌，标识牌必须明确配种时间和预产期，预产期要有人值班守候，将产到箱外的仔兔及时放入巢箱内。

3．搞好补饲

随着仔兔日龄的增加，仔兔生长速度加快，其体重和所需营养物质与日俱增，而母乳的日泌乳量到产后21日龄达到高峰，以后则逐渐下降，仔兔生后2~3周单靠母乳已经不能满足其营养需要。因此，在生产上要利用仔兔15~21日龄时能够开口采食固体饲料的特性，及时给仔兔补饲。

补饲一般从15~18日龄开始，采用专门的补饲料（开口料），要求饲料易消化、适口性好，清洁卫生、符合仔兔的营养需要，同时要在饲料中加入抗球虫药和防治消化道疾病的药物，以减少疾病的发生。补饲时，最好采用母仔分开的方式，以防母兔抢食仔兔料。在饲喂上，补饲前1~2天饲喂量要少，主要是诱食，2~3天后再逐渐加料。仔兔消化能力弱，要采用少量多餐的饲喂方式，每次加料宜少些，日饲喂3~5次，同时要提供充足清洁的饮水。

及早补饲对仔兔饲养有着重要意义。它不仅能给仔兔提供充足营养，保证仔兔的正常生长，提高断奶重。同时，补饲使仔兔能够在断奶前学会吃饲料，有利于促进仔兔消化系统的发育和锻炼胃肠道的消化功能，对帮助仔兔过好"断奶关"也具有重要意义。由于补饲料中添加有各种预防药物，能够有效地开展球虫病、肠炎等疾病的早期预防，对提高仔兔的成活率有着重要意义。

4．科学断奶

仔兔断奶日龄，应根据品种、生产方向、季节、仔兔体质强弱等综合考虑，一般在28~35日龄断奶。商品兔生产时断奶时间一般为28~30日龄，进行种兔生产时断奶时间稍晚，一般在35日龄断奶。断奶方法有一次性断奶和分批断奶。一次性断奶是指不管仔兔体况如何，到了断奶日龄时所有仔兔全部断奶；分批断奶是按照仔兔体质强弱分开，达到断奶体重的个体先断奶，体质弱的个体再继续喂奶，直到达到断奶体重时再行断奶。

二、幼兔的饲养管理技术

幼兔是指断奶至 3 月龄的小兔。

幼兔阶段日增重最大，绝对生长速度最快，也是发病率和死亡率最高的时期。幼兔饲养管理的好坏，在一定程度上决定其生产潜力的发挥和养兔的成败。幼兔饲养管理的重点在于保证营养、精心护理、过好"四关"，尽量减少应激反应。

（一）断奶关

断奶后 10~15 天是兔后天发育最关键的时期，在此期间，它们对胃肠道感染特别敏感，有着最高死亡率记录。高死亡率的原因很多，但大多来源于小兔与母兔分开以及断奶的应激。实践中发现，断奶重高的个体成活率高，断奶重小、健康状况不佳的个体，断奶后的适应性差，容易死亡。因此，在仔兔饲养期间提高断奶重至关重要。断奶后最好采用"离乳不离笼"的饲养方法，降低断奶应激。转群时要按公母、大小、强弱分群分笼饲养，密度适宜。切记，刚断奶的幼兔不要单个饲养，因为单个饲养很容易引起幼兔孤独、精神沉郁而发病死亡。

（二）饲料关

消化道疾病在幼兔中非常常见，是危害幼兔最主要的因素，它们不仅增加死亡率，同时造成生长迟缓以及随之而来的经济损失。消化道疾病的发生主要与饲料有关，因此，把好饲料关是关键。

幼兔对饲料敏感，保证饲料品质是前提。禁止饲喂霉烂变质饲料，56 日龄前最好不要饲喂含水量多的青绿饲料。饲料要求体积小，营养价值高，易消化，富含蛋白质、维生素和矿物质，同时粗纤维水平必须达到要求，否则容易发生消化道疾病并导致死亡。断奶后 1~2 周内，要继续饲喂仔兔"开口料"，以后逐渐过渡到幼兔料，否则，突然改变饲料容易导致消化系统疾病。喂料量应随着年龄增长、体重增加而逐渐增加，不可突然加料太多，并保持饲料成分的稳定性。幼兔食欲旺盛，易贪食，饲喂时要掌握少喂勤添的原则，一般每天定时饲喂 3~4

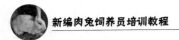

次为宜。

（三）环境关

幼兔比较娇气，对环境的变化很敏感，尤其是寒流等气候突变，更应做好预防工作。要为其提供良好的生活环境，保持笼舍清洁卫生、环境安静，饲养密度适中，防止惊吓、防风寒、防炎热、防空气污浊，防蚊虫、防兽害等，切实把好环境关。

（四）防疫关

幼兔阶段多种传染病易发，抓好防疫至关重要。除做好日常的卫生消毒工作外，要将预防投药、疫苗注射以及加强巡查等饲养管理制度相结合，严格卫生防疫制度。除注射兔瘟疫苗外，要根据当地和兔场疫病流行特点，注射巴氏杆菌、魏氏梭菌等疫苗，提高幼兔机体的免疫力。要切实做好球虫病的预防投药工作，加强大肠杆菌病、肺炎等疾病的预防。饲养人员应随时仔细观察幼兔的采食、粪便及精神状态，及早作好疾病的防治，确保兔群安全。

三、青年兔的饲养管理技术

青年兔是指 3 月龄至初配阶段留做种用的后备兔。

青年兔消化系统、免疫系统等基本发育完全，对饲料的耐受性较高，抗病力较强，不容易发病，因而是兔一生中最好饲养的阶段。

3~4月龄时兔的生长发育依然较为旺盛，肌肉尚在继续生长，体内代谢旺盛，应充分利用其生长优势，满足蛋白质、矿物质和维生素等营养的供应，尤其是维生素 A、D、E，以形成健壮的体质。4月龄以后家兔脂肪的囤积能力增强，应适当限制能量饲料的比例，降低精料的饲喂量，增加优质青饲料和干草的喂量，维持在八分膘情即可，防止体况过肥，影响繁殖性能。

青年兔要进行单笼饲养，以防止后备公、母兔间早交乱配和打架斗殴，损害繁殖机能。同时，要严格执行免疫程序，做好兔瘟、多杀性巴氏杆菌病（出血性败血症）以及螨虫等疾病的防治工作。后备兔同样需要注意防寒保暖和防暑降温，保持环境干燥和清洁卫生。

为确保达到初配时间时体重也达到要求，提高青年兔群体均匀度以及育成率，最好按月龄进行个体称重，掌握青年兔的生长发育情况。

要求青年兔在不同日龄阶段有相应的体重和外形，以对达不到要求的个体要调整饲料的营养水平和饲喂量，以确保达到品种发育的要求，并及时淘汰发育不良的青年兔。

第二节　不同生理阶段肉兔的饲养管理

一、种公兔的饲养管理技术

俗话说，"母兔好，好一窝；公兔好，好一坡"。肉兔生产中，种公兔的数量所占比例很小，但所起的作用却很大。饲养种公兔的目的就是要及时完成配种任务，使母兔能够及时配种、妊娠，以获得数量多、品质好的仔兔。要完成这一任务，首先要求种公兔生长发育良好，体质健壮、肥瘦适度、配种能力强，能够及时完成配种任务；其次，要使种公兔能够提供数量多、质量优的精液。种公兔精液品质的好坏直接影响到母兔是否能够正常妊娠、产仔的质量高低和数量的多少。因此，我们必须十分重视种公兔的饲养，提高精液品质和精子活力，增强种公兔的体质和配种能力。

（一）公兔作为种用的标准

种公兔的品种质量和养殖好坏对养兔场整个兔群的质量影响是十分大的，因此根据要求选择种公兔是十分重要的。对种公兔的要求是：品种特征明显；头宽而大；胆子大；体质结实，体格健壮而健康；两个睾丸大而匀称；精液品质好，受胎率高。

（二）种公兔的选留和培育

1. 种公兔选留

（1）父母优秀　种公兔要从优秀父母的后代中选留，也就是说，选留种公兔首先要看其父母。一般要求，其父代要体型大，生长速度快，被毛形状优秀（毛用兔和皮毛用兔）；母亲应该是产仔性能优良，母性好，泌乳能力强。

（2）睾丸大而匀称　睾丸大小与家兔的生精能力呈显著的正相关，选留睾丸大而左右匀称的公兔作为种用，可以提高精液品质和精液量，从而提高受精率和产仔量。

（3）性欲旺盛胆子大　公兔的性欲可以通过选择而提高，因此选留种用公兔时，性欲可以作为其中指标之一。

（4）选择强度　选留种用公兔时，其选择强度一般在 10% 以内，也就是说，100 只公兔内最多选留 10 只预留作种用。

2. 后备种公兔的培育

（1）饲料营养　后备种公兔的饲料营养要求全面，营养水平适中，切忌用低营养浓度日粮饲喂后备种公兔，不然会造成"草腹兔"而影响以后的配种。

（2）饲养方式　后备种公兔的饲养方式以自由采食为宜，但要注意调整，防止过肥。

（3）笼位面积　公兔的笼位面积要适当大一些，这样可以增加运动量。

（4）及时分群　后备种兔群 3 月龄以上时要及时分群，公母分开饲养，以防早配、滥配。

（三）种公兔的饲养技术

1. 非配种期种公兔饲养技术

非配种期的公兔需要的是恢复体力，所以要保持一定的膘情，不能过肥或过瘦，需要中等营养水平的日粮，并要限制饲喂。配合饲料饲喂量限制在 80%，添喂青绿多汁饲料。

2. 配种期种公兔饲养技术

（1）营养需求特点　中等能量水平（10.46 兆焦 / 千克）。过高易造成公兔过肥，性欲减退，配种能力下降；过低，造成公兔掉膘，精液量减少，配种效率降低，配种能力也会下降。

高水平及高品质蛋白质。蛋白质数量和品质对公兔的性欲、射精量、精液品质等都有很大的影响，因此日粮蛋白质要保持一定水平（17%），而且最好添加适当比例的动物性饲料原料，以提高饲料的蛋白质品质。

补充维生素和矿物质。维生素、矿物质对公兔精液品质影响巨大，尤其是维生素 A、维生素 E、钙、磷等。所以，配种期种公兔的饲料中要补充添加，尤其是维生素 A 更易受高温和光照影响而被破坏，更要适当多添加。

（2）提早补充 精子的形成有个过程，需要较长的时间，所以营养物质的补充要及早进行，一般在配种前 20 天开始。

（四）种公兔的管理措施

1. 单笼饲养

成年种公兔应单笼饲养，笼子的面积要比母兔笼大，以利于运动。

2. 加强运动

运动对维持种公兔的体质、性欲、交配能力、精液量及精液品质等都十分重要，条件允许的话定期让公兔在运动场地运动 1~2 小时，没有条件要尽量创造公兔的运动机会。

3. 保持兔笼安全

公兔笼底板间隙以 12 毫米为宜，而且前后宽窄要匀称，过宽或前后宽窄不匀会导致配种时公兔腿陷入缝隙导致骨折；笼内禁止有钉子头、铁丝等锐利物，以防刺伤公兔的外生殖器；时刻注意及时关好笼门。

4. 缩短毛用公兔养毛期

毛兔被毛过长，会使射精量减少，精液品质降低，畸形精子（主要是精子头部异常）比例加大，从而影响配种质量。因此，对毛用种兔要尽量缩短其养毛期。

5. 注重健康检查

重视公兔的日常健康检查，经常检查公兔生殖器，如发现梅毒、疥癣、外生殖器炎症等疾病，应立即停止，及时隔离治疗。

（五）种公兔的使用技术

1. 控制种用年限

种公兔超过一定利用年限后，其配种能力、精液量、精液品质等都会明显下降，逐步失去种用价值，要及时更新和淘汰。从配种算起，一般公兔的利用年限为 2 年，特别优秀者最多不超过 3~4 年。

2. 掌握配种频率

初配公兔：隔日配种，也就是交配 1 次，休息 1 天；青年公兔:1次 / 日，连续 2 天休息 1 天；成年公兔：可以 2 次 / 日，连续 2 天休息 1 天。长期不用的公兔开始使用时，头 1~2 次为无效配种，应采取双重交配，也就是用2只公兔先后交配2次。生产中，配种能力强（好用）的公兔过度使用而配种能力弱（不好用）的公兔很少使用的现象比较普遍存在，结果会导致优秀公兔由于过度使用性功能出现不可逆衰退，不用的公兔长期放置性功能退化，久而久之会严重影响整个兔群的正常配种和繁育工作，应引起足够的重视。

3. 控制公母比例

自然交配时，兔群中成年公兔与可繁殖母兔的比例为1：（8~10），种公兔中壮年比例占60%、青年比例占30%、老年比例占10%为好；采用人工授精时，公母比例为1：（50~100）。

（六）消除公兔"夏季不育"的措施

所谓"夏季不育"是指炎热的夏季配种后不易受胎的现象。当气温连续超过30℃以上时，公兔睾丸萎缩，曲精管萎缩变性，暂时失去产生精子的能力，此时配种便不易受胎。可通过以下方法消除或缓解"夏季不育"。

1. 创造非高温养殖环境

炎热高温季节，将公兔饲养在安装空调兔舍或凉爽通风的地下室，对消除"夏季不育"现象有明显效果。

2. 使用抗热应激添加剂

通过使用一些抗热应激的添加剂缓解"夏季不育"的危害。如按10克/100千克的比例在饲料中添加维生素C，可增强公母兔的抗热应激能力，提高受胎率，增加产仔数。

3. 选留抗热应激能力强的公兔作种用

在高温维持时间较长的地区养殖家兔，有必要在选留公兔时将抗"夏季不育"作为一个指标，通过精液品质检查、配种受胎率测定等选留抗热应激能力强的公兔作为种用。

（七）缩短"秋季不孕"期的措施

生产中发现，兔群在秋季配种受胎率不高，要恢复需要持续1.5~2个月时间，而且恢复期与高温的强度、持续的时间有很大关系，这便是"秋季不孕"现象。这种现象的发生，目前一致的看法是高温季节对公兔睾丸的破坏所造成，缩短"秋季不孕"期对提高兔群繁殖能力十分重要，可采用以下措施。

1. 提高公兔饲料营养水平

提高公兔饲料营养水平能明显缩短"秋季不孕"期。粗蛋白质水平增加到18%，维生素E达60毫克/千克，硒达0.35毫克/千克，维生素A达12000国际单位/千克。

2. 使用抗热应激添加剂

使用兔专用抗热应激添加剂可以在一定程度上缩短"秋季不孕"期。

二、种母兔的饲养管理技术

种母兔是兔群的基础，其饲养管理的好坏直接关系到后代的生活力和生产性能，由于其在空怀、妊娠和泌乳三个阶段的生理状态和营养需求有着很大的差异，因而要根据各阶段的特点，采取相应的饲养管理措施。

（一）空怀期的饲养管理

母兔的空怀期是指母兔从仔兔断奶到再次配种妊娠这一段时间，又称配种准备期。由于空怀期既未妊娠也未哺乳，从繁殖效率的角度来看，似乎是多余的时期，但在生产实际中却是非常必要的。母兔空怀期的长短主要取决于繁殖方式：在采用频密或半频密繁殖制度时（如42天或49天周期化繁殖模式），母兔一直处于妊娠、泌乳或妊娠泌乳并存的阶段，不存在空怀期；而采用延期繁殖方式时，则有一定的空怀期。对于采用延期繁殖方式的母兔，空怀期的长短则取决于母兔的体况。正常情况下，仔兔断奶5~10天后母兔即可发情配种，但有时一些母兔发情时间延长，或者不能正常发情配种。造成母兔不能正常发情的原因有：由于妊娠—泌乳阶段母兔消耗了大量养分，体质比较瘦弱，内分泌系统也受到影响，性激素分泌失调，不能发情或发情周期延长；饲料营养水平过高，投喂量过大，使母兔过于肥胖，导致体内积蓄大量脂肪，卵巢周围脂肪蓄积，阻碍卵泡发育，使母兔不发情或发情周期延长；此外，母兔患病特别是生殖器官疾病等原因也会造成母兔发情不正常。因此，空怀期母兔的饲养目的是保持不肥不瘦的体况，健康，能够正常发情配种，尽量缩短空怀期，提高母兔配种的受胎率。

1. 空怀母兔的饲养

空怀母兔由于没有其他生产负担，主要任务是尽快恢复体况，所以其营养需要要比其他阶段的母兔要少，但是要注意蛋白质和能量的供给。蛋白质不仅要考虑数量，还要注意品质。如果蛋白质供应不足或品质不良，会导致卵泡发育受阻，性周期紊乱等现象发生。能量不足会导致母兔过瘦，能量过量会造成母兔过肥，都会影响母兔的繁殖性能。空怀母兔适宜的蛋白水平为 16%~18%，适宜的能量水平为 10.75 兆焦 / 千克。此外，维生素和矿物质对维持母兔良好的繁殖机能也是极为重要的。有条件的兔场要给空怀母兔提供多量青绿饲料，这类饲料含有丰富的维生素，对排卵数、卵子质量和受精都有良好的影响，也利于空怀母兔迅速补充泌乳期矿物质的消耗，恢复母兔繁殖功能的正常，以便及时配种。

饲养上空怀期母兔一般采用限制饲喂或混合饲喂的方法。限制饲喂时，空怀母兔每天饲喂颗粒饲料 100~150 克；采用混合饲喂时，青绿饲料每日 500 克以上，精料补充料 50~100 克。颗粒饲料或精料补充料每天饲喂 2 次，注意饲料品质。在此基础上，要注意针对母兔个体情况酌情增减饲料喂量，母兔过于肥胖时应适当减少喂料，过于瘦弱则应适当增加喂料量，以使其尽快恢复种用体况。

2. 空怀母兔的管理

管理上，首先要给空怀母兔提供一个适宜的环境条件，这对提高母兔的生产性能有着十分重要的意义。空怀母兔要单笼饲养，兔舍要干燥、通风、透光、清洁卫生。影响母兔繁殖最主要的环境因素是温度和光照。就温度而言，兔对环境温度的适应范围为 5~30℃，在适应范围内兔生存没有问题。而最适宜的温度为 15~25℃，在此温度范围内，繁殖可正常进行，即能正常地发情、配种。而温度高于 30℃ 或低于 5℃ 时，母兔发情率降低，即使交配，母兔的空怀率也很高。因此，冬季应注意防寒保暖，夏季注意防暑通风。光线是一种兴奋因素，对母兔的繁殖有重要的影响。在充足的阳光和一定的光照时间下，卵巢上的卵泡才能正常发育。长期黑暗的情况下，下丘脑 – 垂体 – 卵巢轴生殖机能活动受到抑制，卵巢上的原始卵泡发育缓慢或受到抑制，母兔不发情，繁殖停止。因此，在生产实践中，应注意保证适当的光照强度和光照时间，对长期照不到光线的家兔，应调到光线较好的笼位，以保证母兔性机能的正常。

其次，要及时治疗疾病。如果空怀母兔调整饲喂量后体况仍不能及时恢复，也不能正常发情配种，则很可能是疾病造成的。母兔泌乳期内营养物质消耗很多，往往会因营养物质失衡而造成食欲不振、消化不良等消化系统疾病以及体内一些代谢病，如钙、磷的流失造成的疾病等。有些母兔则可能因为交配、人工授精或产仔而患有生殖系统疾病，如输卵管炎症，子宫内膜炎、子宫积脓等。母兔乳房炎是常发疾病，配种前首先要认真检查治疗。要做好选择淘汰。母兔空怀期也是进行选择淘汰的时期，主要是看母兔繁殖性能的高低、体况和年龄，对于连续三胎空怀、产仔数和断奶成活数偏少、年龄过大以及体质过于衰弱而无力恢复的母兔，要及时淘汰，以保持群体较高的生产水平，提高经济效益。要及时观察发情情况，适时配种。母兔在断奶后 5~7 天就会发情，饲养人员要认真观察，以便及时配种。对于不发情的母兔要检查原因，及时采取相应的措施。

（二）妊娠期的饲养管理

妊娠母兔的管理工作中心是"保产"，一切保产技术措施都应该是围绕保护母兔生产正常仔兔来进行。保产可以采取以下几项技术措施。

1. 保胎防流产

母兔流产一般发生在妊娠后 15~25 天，尤其是 25 天左右多发生。这个阶段母兔受到惊吓、挤压、摸胎不正确、食入霉变饲草料或冰冻饲料、疾病、用药不当等，都可能引起母兔流产，应针对性采取措施加以预防。否则会造成重大损失。

2. 充分做好分娩前准备工作

一般情况下，要在产前 3 天，将消好毒的产仔箱（图 4-4）放入母兔笼内，产仔箱内垫好刨花或柔软的垫草（图 4-5）。母兔在产前 1~2 天要拉毛做窝（图 4-6）。据观察，母兔产前拉毛做窝越早，其哺乳性能会越好。对于不拉毛的母兔，在产前或产后要进行人工拔毛（图 4-7），以刺激乳房泌乳，利于提高母兔的哺乳性能。

图 4-4　产仔箱消毒

图 4-5　产仔箱内放入刨花

图 4-6　临产母兔自己拉毛做窝

图 4-7　临产母兔人工辅助拉毛

3. 加强母兔分娩管理

母兔分娩多在黎明时分，一般情况下母兔产仔都会挺顺利，每 2~3 分钟能产下 1 只，15~30 分钟可全部产完。个别母兔产下几只后要休息一会，有的甚至拖至第二天再产，这种情况往往是由于产仔时母兔受到惊吓所致。因此，母兔分娩过程中，要保持安静，严冬季节要安排人值班，对产到箱外的仔兔要及时保温，放入产仔箱内。母兔产仔完成后，要及时取出产箱，清点产仔数（必要时要称初生窝重和打耳号），剔出死胎、畸形胎、弱胎和沾有血迹的垫草。母兔分娩后，由于失水、失血过多，身体虚弱，精神疲惫，口渴饥饿，所以要准备好盐水或糖盐水，同时要保持环境安静，让母兔得到充分的休息。

4. 诱导分娩

生产实践中，50% 的母兔分娩是在夜间，初产母兔或母性差的母兔，易将仔兔产在产仔箱外，得不到及时护理容易造成饿死或掉到粪板上死亡，尤其是冬季还容易造成冻死，从而影响仔兔的成活率。采取诱导分娩技术，可让母兔定时产仔，有效提高仔兔成活率。

诱导分娩的具体操作方法：将 30 天以上（含 30 天）的母兔，放置在桌子上或平坦地面，用拇指和食指一小撮一小撮地拔下乳头周围的被毛（图 4-8），然后放入事先准备好的产箱内，让出生 3~8 日龄的其他窝仔兔（5~6 只）吸吮乳头 3~5 分钟，再将其放进产箱内，一般 3 分钟左右便可以开始分娩。

5. 人工催产

对妊娠超过 30 天（含 30 天）仍不分娩的母兔，可以采用人工

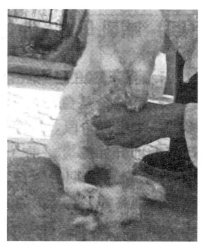

图 4-8　人工拔毛——诱导分娩

催产。人工催产的具体方法是：先在母兔阴部周围注射 2 毫升普鲁卡因注射液，再在母兔后腿内侧肌内注射 1 支（2 国际单位）催产素，几分钟后仔兔便可全部产出。需要注意的是，人工催产不同于正常分娩，母兔往往不去舔食仔兔的胎膜，仔兔会出现窒息性假死，不及时抢救会变成死仔。因此，对产下的仔兔要及时清理胎膜、污水、血毛等，并用垫草盖好仔兔，同时要注意及时供给母兔青绿饲料和饮水。

6. 母兔产后管理

母兔产仔后的 1~2 天内，由于食入胎衣、胎盘，消化机能较差，因此应饲喂易消化的饲料。分娩后的一周内，应服用抗菌药物，不仅可以预防产道炎症，同时可以预防乳腺炎和仔兔黄尿病，促进仔兔生长发育。

（三）泌乳母兔的饲养管理

母兔从分娩产仔到仔兔断奶这一段时间称为泌乳期。母乳是仔兔断奶前的主要营养来源，更是仔兔采食固体食物前的唯一营养来源。因此，泌乳母兔饲养管理的目标是给仔兔提供量多质好的奶水，并维持自身良好的体况和繁殖机能，重点防治乳房炎。

1. 泌乳母兔的饲养

母兔在泌乳阶段分泌大量乳汁，一般每天可分泌 60~150 毫升，高

产母兔可达 150~250 毫升，甚至高达 300 毫升。其泌乳量自产后逐渐上升，到 21 日龄左右达到高峰，此后持续下降。在泌乳早期，母兔的饲料消耗量逐渐增加，此时摄入的营养不仅能够满足泌乳的需要，还能有一定的增重。然而，随着产奶量增加，母兔越来越多地动用体脂用于产奶，出现失重，到泌乳高峰期时体况下降严重，特别是初产母兔，由于采食能力有限，很容易由于失重过多而变得太瘦（体况下降 20%）。因此，哺乳母兔应全期实行强化饲养，以防营养不足而影响泌乳和母兔失重过多，进而影响以后的繁殖性能。

泌乳母兔应提供高能量、高蛋白日粮，以提高日营养摄入量，减少泌乳后期能量缺乏状况的发生，其能量水平维持在 10.8 兆焦 / 千克，蛋白水平为 18%。日粮结构要相对稳定。在产后 3 天内，要控制饲喂量，多喂青绿饲料，以起到催乳和防止便秘，调节母兔肠胃功能的作用，随后可以逐渐过渡到自由采食，以满足母兔较高的营养需求量。仔兔断奶前 3~5 天，应逐渐降低母兔的饲喂量，以促使母兔回奶，体况差的母兔也可以不减料。

2. 泌乳母兔的管理

管理上，要给母兔提供安静的环境，尽量减少噪声、避免粗暴对待母兔，特别是在母兔哺乳时，不要惊扰母兔，以防吊乳和影响哺乳。兔舍要保持温暖、干燥、卫生、空气新鲜，随时提供清洁的饮水。笼底板、产仔箱等用具要保持清洁卫生和光滑平整，以免刺伤母兔乳房。每天检查母兔泌乳情况和仔兔吃奶情况，对没奶或奶水不够的母兔要进行催奶，对有奶不喂的母兔要实行强制哺乳。饲养管理人员要经常观察泌乳母兔采食、粪便、精神状态等情况，以便判断母兔的健康状况，发现异常应及时查清原因，采取相应的措施。母兔泌乳阶段很容易患乳房炎症，随时对母兔的乳房、乳头以及母兔进行检查，如发现有硬块、红肿等症状，要及时隔离治疗。

三、商品肉兔的饲养管理

商品肉兔饲养管理的任务是搞好育肥，即改善兔肉品质，提高产肉性能，使兔生产出又多又好的兔肉。

（一）选好兔品种

育肥效果的好坏在很大程度上取决于肥育兔的基因组成。基因组合好的优良兔品种增重快、饲养期短、饲料报酬高、产仔多，屠宰率高，兔肉品质好。基因是实现肉兔快速育肥的基础。

饲养优良品种比原始品种要好，经济杂交比单一品种的效果好，配套系的育肥性能和效果比经济杂交更好，是目前生产商品兔的最佳形式。不过目前我国配套系资源不足，大多数地区还不能实现直接饲养配套系。一般来说，引入品种与我国的地方品种杂交，均可表现一定的杂种优势。

（二）抓断乳体重

育肥速度在很大程度上取决于早期增重的快慢。凡是断奶体重大的仔兔，育肥期的增重就快，就容易抵抗环境应激，顺利度过断乳期。相反，断奶体重越小，断奶后越难养，育肥期增重越慢。30天断乳个体重的标准：中型兔500克以上，大型兔600克以上。实现以上目标，应重点抓好以下几点。

1. 提高母兔的泌乳力

仔兔在采食饲料之前半月多的时间里，母乳是唯一的营养来源。因此，母兔泌乳量的高低决定了仔兔生长速度，同时，也决定了仔兔成活率的高低。提高母兔泌乳力，应该从增加母兔营养，特别是保证蛋白质、必需氨基酸、维生素、矿物质等营养的供应，保证母兔生活环境的幽静舒适。

2. 调整母兔哺育的仔兔数

母兔一般8个乳房，1天哺喂1次。每次哺喂的时间仅仅几分钟。因此，如果仔兔数超过乳头数，多出的仔兔就得不到乳汁。凡是体质弱、体重小的仔兔，在捕捉乳头的竞争中，始终处于劣势和被动局面。要么吃不到乳，要么吃少量的剩乳。久而久之饥饿而死，即便不死也成为永远长不大的僵兔，丧失饲养价值和商品价值。因此，针对母兔的乳头数和泌乳能力，在母兔产后及时进行仔兔调整，即寄养，将多出的仔兔调给产仔数少的母兔哺育。如果没有合适的保姆兔，果断淘汰多余的小兔也比勉强保留效益高。

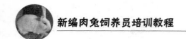

3. 抓好仔兔的补料

母兔的泌乳量是有限的，随着仔兔日龄的增加，对营养要求越来越高。因此，仅仅靠母乳不能满足其营养需要，必须在一定时间补充一定的人工料，作为母乳的营养补充。一般仔兔 15 日龄出巢，此时牙齿生长，牙床发痒，正是开始补料的适宜时间。生产中一般从仔兔 16 日龄以后开始补料，一直到断乳为止。在 16~25 日龄仍然以母乳为主，补料为辅。此后以补料为主，母乳为辅。仔兔料注意营养价值要高，易消化，适当添加酶制剂和微生态制剂等。

（三）过好断奶关

断乳对仔兔是一个难以逾越的坎。首先，由母子同笼突然到独立生活，甚至离开自己的同胞兄妹；第二，由乳料结合到完全采食饲料；第三，由原来的笼舍转移到其他陌生环境。无论是对其精神上、身体上，还是胃肠道都是非常大的应激。因此，仔兔从断奶向育肥的过渡非常关键。如果处理不好，在断奶后 2 周左右增重缓慢，停止生长或减重，甚至发病死亡。断奶后最好原笼原窝饲养，即采取移母留仔法。若笼位紧张，需要调整笼子，一窝的同胞兄妹不可分开。育肥期实行小群笼养，切不可一兔一笼，或打破窝别和年龄，实行大群饲养。这样会使刚断奶的仔兔产生孤独感、生疏感和恐惧感。断奶后 1~2 周内应饲喂断奶前的饲料，以后逐渐过渡到育肥料。否则，突然改变饲料，2~3 天内即出现消化系统疾病。断乳后前 2 周最容易出现消化道疾病——腹泻。预防腹泻是断乳仔兔疾病预防的重点。以微生态制剂强化仔兔肠道有益菌，对于控制消化机能紊乱是非常有效的。

（四）直接育肥

肉兔在 3 月龄前是快速生长阶段，且饲料报酬高。应充分利用这一生理特点，提高经济效益。肉兔的育肥期很短，一般从断奶 30 天到出栏仅 40~60 天的时间。而我国传统的"先吊架子后填膘"育肥法并不科学。仔兔断奶后不可用大量的青饲料和粗饲料饲喂，应采取直接育肥法，即满足幼兔快速生长发育对营养的需求，使日粮中蛋白质 17%~18%、能量 10.47 兆焦/千克以上，保持较高的水平，粗纤维控制在 12% 左右。使其顺利完成从断奶到育肥的过渡，不因营养不良而使生长速度减慢或停顿，并且一直保持到出栏。小公兔不去势的育肥效果更好。因为肉用品种的公兔性成熟在 3 月龄以后，而出栏在 3 月龄以前，在此期间其性行为不明显，不会影响增重。相反，睾丸分泌的少量雄激素会促进蛋白质合成，加速兔子的生长，提高饲料的利用率。生产中发现，在 3 月龄以前，小公兔的生长速度大于小母兔，也说明了这一问题。再者，不论采取刀骟也好，药物去势也好，由于伤口或药物刺激所造成的疼痛，以及睾丸组织的破坏和伤口的恢复，都是对兔的不良刺激，都会影响兔子的生长发育，不利于育肥。

（五）控制环境

育肥效果的好坏，在很大程度取决于为其提供的环境条件，主要是指温度、湿度、密度、通风和光照等。温度对于肉兔的生长发育十分重要，过高和过低都是不利的，最好保持在 25℃左右，在此温度下体内代谢最旺盛，体内蛋白质的合成最快。适宜的湿度不仅可以减少粉尘污染，保持舍内干燥，还能减少疾病的发生，最适宜的湿度应控制在 55%～60%。饲养密度应根据温度和通风条件而定。在良好的条件下，每平方米笼养面积可饲养育肥兔 18 只。在生产中由于我国农村多数兔场的环境控制能力有限，过高的饲养密度会产生相反的作用，一般应控制在每平方米 14～16 只；育肥兔由于饲养密度大，排泄量大，如果通风不良，会造成舍内氨气浓度过大，不仅不利于家兔的生长，影响增重、还容易使家兔患呼吸道等多种疾病。因此，育肥兔对通风换气的要求较为迫切；光照对家兔的生长和繁殖都有影响。育肥期实行弱光或黑暗，仅让兔子看到采食和饮水，能抑制性腺发育，延迟性成熟，促进生长，减少活动，避免咬斗，快速增重，提高饲料的利用率。

（六）科学选用饲料和添加剂

保证育肥期间营养水平达到营养标准是肉兔育肥的前提。此外，不同的饲料形态对育肥有一定影响。试验表明，使用颗粒饲料比粉料增重提高 8%～13%，饲料利用率提高 5% 以上。满足育肥兔在蛋白、能量、纤维等主要营养的需求外，维生素、微量元素及氨基酸添加剂的合理使用，对于提高育肥性能有举足轻重的作用。维生素 A、维生素 D、维生素 E，微量元素锌、硒、碘等能促进体内蛋白质的沉积，提高日增重；含硫氨基酸能刺激消化道黏膜，起到健胃的作用，并能增加胆汁内磺酸的合成，从而增强消化吸收能力。还可以改善菌体蛋白质品质，提高营养物质的利用率。常规营养以外，可选用一定的高科技饲料添加剂。如：稀土添加剂具有提高增重和饲料利用率的功效；杆菌肽锌添加剂有降低发病率和提高育肥效果的作用；腐殖酸添加剂可提高家兔的生产性能；酶制剂可帮助消化，提高饲料利用率；微生态制剂有强化肠道内源有益菌群，预防微生态失调的作用；寡糖有提供有益菌营养、增强免疫和预防疾病的作用；抗氧化剂不仅可防止饲料中一些维生素的氧化，也具有提高增重、改善肉质品质的作用；中草药饲料添加剂由于组方不同，效果各异。总之，根据生产经验和兔场的实际情况，在饲料添加剂方面投入，经济上是合算的，生产上是可行的。

（七）自由采食和饮水

我国传统肉兔育肥，一般采用定时、定量、少喂勤添的饲喂方法和"先吊架子后填膘"的育肥策略。现代研究表明，让育肥兔自由采食，可保持较高的生长速度。只要饲料配合合理，不会造成育肥兔的过食、消化不良等现象。自由采食适于饲喂颗粒饲料，而粉拌料不宜自由采食，因为饲料的霉变问题不易解决。在育肥期总的原则是让育肥兔吃饱吃足，只有多吃，才能多长。有的兔场采用自由采食出现家兔消化不良或腹泻现象，其主要原因是在自由采食之前采用少喂勤填的方法，突然改为自由采食，家兔的消化系统不能立即适应。可采取逐渐过渡的方式，经过1周左右的时间即可调整过来。为了预防因自由采食出现的副作用，可在饲料中增加酶制剂和微生态制剂，降低高增重带来的高风险。水对于育肥兔是不可缺少的营养。饮水量与气温量呈正相关，与采食量呈正相关。保证饮水是促进育肥不可缺少的环节。饮水过程中注意水的质量，保证其符合畜禽饮用水标准。防止水被污染，定期检测水中的大肠杆菌数量。尤其是使用开放式饮水器的兔场更应重视饮水卫生。

（八）防控疾病

肉兔育肥期很短，育肥强度大，在有限的空间内基本上被剥夺了运动自由，对疾病的耐受性差。一旦发病，同笼及周边小兔容易被传染。即便发病没有死亡，也会极大影响生长发育，使育肥出栏同期化成为泡影。因此，在短短的育肥期间，安全生产，健康育肥，降低发病，控制死亡是肉兔育肥的基本原则。 肉兔育肥期易感染的主要疾病是球虫病、腹泻和肠炎、巴氏杆菌病及兔瘟。球虫病是育肥兔的主要疾病，全年发生，以6—8月为甚。应采取药物预防、加强饲养管理和搞好卫生相结合的方法积极预防。预防腹泻和肠炎的方法是提倡卫生调控、饲料调控和微生态制剂调控相结合，尽量不用或少用抗生素和化学药物，不用违禁药物。卫生调控就是搞好环境卫生和饮食卫生，粪便堆积发酵，以杀死寄生虫卵。饲料调控的重点是饲料配方中粗纤维含量的控制，一般应控制在12%，在容易发生腹泻的兔场可增加到14%。选用优质粗饲料是控制腹泻和提高育肥效果的保障。微生态制剂调控是一项新技术，其效果确实、投资少、见效快。预防巴氏杆菌病，一方面搞好兔舍的环境卫生和通风换气，加强饲养管理。另一方面在疾病的多发季节适时进行药物预防。对于兔瘟只有定期注射兔瘟疫苗才可控制。一般断奶后35~40日龄注射最好，每只皮下注射1毫升。对于兔瘟顽固性发生的兔场，最好在第一次注射20天后强化免疫一次。

（九）适时出栏

出栏时间应根据品种、季节、体重和兔群表现而定。在目前我国饲养条件下，一般肉兔90日龄达到2.5千克即可出栏。大型品种，骨骼粗大，皮肤松弛，生长速度快，但出肉率低，出栏体重可适当大些。但其生长速度快，90日龄可达到2.5千克以上。因此，3月龄左右即可出栏。中型品种骨骼细，肌肉丰满，出肉率高，出栏体重可小些，达2.25千克以上即可。 春秋季节，青饲料充足，气温适宜，家兔生长较快，育肥效益高，可适当增大出栏体重。如果在冬季育肥，维持消耗的营养比例较高，尽量缩短育肥期，只要达到最低出栏体重即可出售。家兔育肥是在有限的空间内，高密度养殖。育肥期疾病的风险很大。如果在育肥期周围发生了传染性疾病，应封闭兔场，禁止出入，严防病原菌侵入。若此时育肥期基本结束，兔群已基本达到出栏体重，为了降低继续饲养的风险，可立即结束育肥。每批肉兔育肥，应进行详细的记录。尤其是存栏量、出栏量、饲料消耗和饲养成本，计算出栏率和料肉比。总结成功的经验和失败的教训，为日后的工作奠定基础。

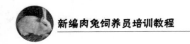

第三节　不同季节肉兔的饲养管理

家兔的生长发育与外界条件紧密相关，不同的环境条件对家兔的影响是不同的。我国的自然条件，无论是日照、雨量、温度、湿度还是饲料的品种、数量、品质等方面都有着显著的地区性和季节性特点。因此，应根据家兔的生物学特性、生活习性、季节、地区特点，充分利用有利季节增产增效，在不利季节对家兔实行保护，并酌情改变或创造一个良好的小环境，采取科学的饲养管理方法，才能确保家兔健康，并充分发挥出自身的生产潜力，促进养兔业的健康发展。

一、春季饲养管理技术

春季日照渐长，青绿饲料丰富，是肉兔繁殖的好季节。但此季多阴雨，天气忽晴忽阴变化不定，气温时高时低，昼夜温差较大。随着气温的逐渐回升，各种病原微生物滋生活跃。肉兔经过一个冬季的饲养，体况普遍较差，且又处于季节性换毛期，抵抗力下降。特别是仔幼兔，身体机能尚未发育完善，对寒冷和疾病的抗性较差，更容易发病。因此，在饲养管理上要注意做好以下几个方面的工作。

（一）注意天气骤变

春季气温逐渐回升，但这种升温过程不是呈直线的，而是升中有降、降中有升，尤其是在3月左右，"倒春寒"现象时有发生，寒流、风雨不时来袭，天气变化无常，气温忽高忽低，骤冷骤热，极易诱发感冒、肺炎、肠炎等呼吸道和消化道疾病。特别是仔兔和断奶不久的幼兔，抗病力较差，极易发病死亡，因此更要精心管理。早春时节，气温普遍偏低，要做好防寒保暖的措施。晚春时节，气温回升较快，应注意通风换气。

（二）保障饲料供应

春季家兔经过一个寒冬，一般体况较差，需要在春季补充营养。同时，春季又是家兔换毛期，脱去冬毛，长出夏毛，需要消耗较多的营养，对处于繁殖期的种兔来说，更增加了营养负担。因此，应结合春季饲料供应特点，加强肉兔的营养，做好饲料的过渡。

早春时节，饲料青黄不接，可以采用全价配合饲料进行饲喂，对于农村家庭兔场而言，可利用冬季储存的萝卜、白菜或生麦芽等，切碎饲喂，为家兔提供一定量的维生素，冬季储存的甘薯秧、花生秧、青干草等粗饲料切成小段饲喂。随着气温的升高，各种青绿饲料逐渐萌芽生长，可采集青草进行饲喂。此时青草幼嫩多汁，适口性好，家兔喜食，但开始饲喂时要控制喂量，否则会出现消化道疾病，严重时造成死亡。一些有毒的青草返青较早，采集时要注意挑选出来，防止家兔误食中毒。春季雨水多，特别是南方地区的梅雨季节，空气湿度大，青绿饲料含水量高，容易出现霉烂变质，而颗粒饲料也容易受潮出现霉变，使用时要特别注意筛选。为增强肉兔的抗病能力，可在饲料中拌入一些大蒜、葱等具有杀菌能力的饲料，以减少消化道疾病的发生。对较为瘦弱和处于换毛期的兔子，要加强营养，饲喂营养浓度特别是蛋白质含量较高的饲料，以恢复体况，缩短换毛时间。

（三）预防疾病

春季万物复苏，各种病原微生物活动猖獗，而经过一个冬季的饲养，兔子抗病力普遍较差，各种疾病的发病率普遍较高。因此，必须做好肉兔的防疫工作。首先，要按照免疫程序做好各种疫苗的注射，特别要及时接种兔瘟疫苗等。其次，要有针对性地进行预防投药，重点预防巴氏杆菌病、大肠杆菌病、感冒、球虫病等。再者，要做好清洁卫生和消毒工作，每天打扫笼舍，清除粪尿，保持室内通风良好，食具、笼底板等经常刷洗消毒，地面可撒上草木灰、石灰等，借以消毒、杀菌和防潮。火焰枪消毒比较彻底，至少进行一到两次，还能焚烧掉脱落的被毛，保持兔舍干净。

（四）抓好春繁

春季公兔性欲旺盛、精液品质优良，母兔发情明显，发情周期缩短，排卵数多，受胎率高，繁殖能力最强，应充分利用这一有利时机争取多配多产。交替采用频密和半频密的繁殖方式，加大繁殖强度，连产2~3胎后再进行调整，但要注意给仔兔及早补饲，增加母兔营养。对于冬季没有加温措施而停止繁殖的小兔场来说，由于公兔长期没有配种，造成精子活力低，畸形率较高，刚开始配种的受胎率较低，为此应采取复配或者双重配种，以提高母兔的受胎率和产仔数。采用全价颗粒饲料喂兔时，也应给种兔饲喂部分青绿饲料，以提高种兔的繁殖性能。

（五）做好防暑准备

为使家兔能在夏季有较好的遮荫效果，在春季就应早做准备，特别是在那些兔舍比较简陋的兔场。可在兔舍前栽种一些藤蔓植物，如丝瓜、葡萄、吊瓜、苦瓜、眉豆、爬山虎等等，使在高温期来到时能遮挡兔舍，减少日光的直接照射，降低舍内温度。

在北方，春季温度适宜，雨量较少，多风干燥，阳光充足，比较适于家兔生长、繁殖，是饲养家兔的好季节，应抓紧时机搞好家兔的饲养与繁殖。

二、夏季饲养管理技术

家兔汗腺不发达，排汗散热的能力差，而我国肉兔主产区夏季普遍温度高、湿度大，兔为了散发体热而呼吸频率加快，新陈代谢受到影响，食欲减退，体况消瘦，抵抗力下降，发病率增加，生产性能受影响，民间更有"寒冬易过，盛夏难养"的说法。因此，夏季要加强饲养管理，改善饲养环境，科学合理搭配饲料，积极做好疾病防治，以增强其抗病力，提高生产能力。

（一）防暑降温

防暑降温是夏季饲养肉兔的重中之重，应根据各地各场的实际条件和资金实力情况，因地制宜采取各种措施进行防暑降温。兔舍周围可多种树木，特别是高大的乔木，或种植丝瓜、葫芦等藤蔓植物来遮阴，还可搭建凉棚、遮阳网等来避免阳光直射。充分利用自然风，打开门窗，使空气对流；同时可在兔舍安装风扇或排气扇等，加强机械通风。也可在屋顶安装水管系统进行喷洒降温。在最炎热时，如果舍内的温度降不下来，可在兔舍地面泼水或放置冰砖，水分蒸发或冰砖溶解或升华时带走热量。舍内洒水会增加湿度，与此同时要加大通风力度，增强湿式冷却降温效果。有条件的可在舍内安装空调或湿帘进行降温。

除改善环境条件外，降低饲养密度，对缓和高温的不利影响有好处。群养密度不能太大，产箱内垫草不宜太多，并适当去除产箱内多余的兔毛，确保产箱内仔兔不会中暑死亡，并采用母仔分离的方法进行饲喂，既利于仔兔补饲，又利于防暑降温。

（二）确保水料供给

夏季肉兔对水的需求更多，饮水要清洁干净、温度低，这样有利于兔体降温。最好安装全自动饮水器，并经常检修饮水器有无堵塞和是否有足够的压力以保证水流量，确保 24 小时都有清洁的饮水。为提高防暑效果，可在水中加入 1.0%~1.5% 的食盐或加入十滴水、藿香正气水等。也可在饮水中添加 0.1%~0.2% 的人工盐或 0.5% 小苏打，调节兔体内电解质平衡，减少热应激的发生。

夏季天气热，兔子采食量下降，营养物质摄入不足，因此，需要通过提高饲料的营养浓度，特别是能量水平来增加家兔能量的摄入。试验表明，在饲料中添加 2% 的大豆油或葡萄糖，饲料的适口性改善，采食量上升，可有效缓解热应激。或在饲料中添加诱食剂，以提高采食量。在饲喂上，要做到早餐早喂、晚餐晚喂，中午可以加喂青绿饲料。高温条件下，饲粮中的维生素失效的速度加快，要加强饲料的保管和周转速度，并给种兔补充一定的青饲料。

（三）做好疫病防治工作

夏季家兔应激大，抵抗力下降，而此时各种病原体极易滋生，尤其是真菌病、球虫病、大肠杆菌病、兔瘟、巴氏杆菌病等，因此必须严格执行日常消毒和防疫制度，消毒药品和抗球虫药物注意交叉和轮换使用，以免产生耐药性。为降低仔幼兔感染率，在夏季球虫感染的高峰季节，给种兔投喂抗球虫药，能有效降低群体暴发球虫的概率。此外，要做好舍内外的清洁卫生，加强灭蚊灭鼠工作。

（四）控制繁殖

家兔具有常年发情、四季繁殖的特点，但是当温度超过 28℃，种兔的繁殖性能就要受到影响，特别是当温度超过 32℃时，公兔精液品质显著下降，性欲减退，母兔基本不发情或发情不接受交配。高温对母兔整个妊娠期均有威胁，妊娠早期，即胎儿着床前后对温度敏感，高温易引起胚胎的早期死亡；妊娠后期，特别是产前一周，胎儿的发育特别快，母体代谢旺盛，营养需求量大，而高温会导致母兔的采食量降低，造成营养的负平衡和体温调节困难，不仅容易流产，有时母兔也会死亡。因此，在无防暑降温条件的兔场，夏季要停止繁殖配种。停繁的公母兔应降低喂料量，补充多量青草，以免过肥而影响秋季的繁殖性能。有条件的兔场最好将场内种公兔集中到空调房内，并维持25℃以下的室温，以确保秋季较高的配怀率。而对于具有良好环境控制条件的兔场，只要温度能够维持在28℃以下，则可以正常繁殖，但要避免高繁殖强度。

三、秋季饲养管理技术

秋季气候凉爽，天气干燥，草料丰富，最适合兔的生长，是一年中第二个繁殖的黄金季节。因此，要充分利用这个有利时节，加强饲养管理，提高肉兔生产水平，达到增产、增效的目的。

（一）把好气温关

秋季气温差异较大，为使肉兔能够健康生长，必须根据气温的变化情况，调节兔舍小环境。秋初季节，气温依然较高，应做好降温工作，喂料时也要做到早上早喂，晚上迟喂。中秋季节，气温逐渐下降，天气凉爽，气候干燥，适宜肉兔生长繁殖。深秋季节，气温下降较快，特别是早晚温差大，要关闭门窗，注意保温。同时，早晚露水重，要注意避免饲喂带霜露的饲草，以免造成拉稀。

（二）加强换毛期营养

进入秋季后，成年家兔要脱掉"夏装"换上"冬装"，完成秋季换毛。换毛期的长短，除受日照、气候条件等的影响外，营养水平的高低对换毛时间和次数都有着显著的影响。营养不良的肉兔，不仅有提前换毛现象，而且换毛期拖得很长。当营养状况良好时，换毛期正常，换毛速度加快。因此，要加强换毛期的营养供给，通过增加饲喂量或调整饲料配方以增加蛋白质饲料尤其是含硫氨基酸的供给，多喂易消化和维生素含量高的青绿多汁饲料，补充矿物质，以满足换毛的需要，尽量缩短换毛期。

（三）把好防病关

中晚秋时节，天气转凉，温差的变化对兔的刺激易引发感冒、肺炎等呼吸道疾病，特别是巴氏杆菌病对兔群造成较大的威胁，严重时还会引起死亡。由于秋季气温多变，传染病也很容易发生，因此除做好日常的卫生和消毒工作外，要严格按照防疫程序做好兔群的免疫工作，加强常见疾病、寄生虫病的预防投药和治疗。由于8—9月处于家兔换毛期，往往造成舍内兔毛飞扬，如不及时加以处理，不仅影响环境卫生，加剧家兔呼吸道疾病特别是鼻炎的发病率，因此，除及时清扫脱落的浮毛外，还应不时用火焰枪将粘在笼上的兔毛焚烧，防止兔子舔食，同时也可起到彻底消毒的作用。

（四）抓好秋繁

秋季是肉兔繁殖的第二个黄金季节，搞好秋繁工作是提高养兔经济效益的重要措施。经过夏季高温的应激，兔群健康情况较差，应在秋繁前对种兔进行一次全面的清理、调整和更新，将3年以上的老龄兔、繁殖性能差、病残等无种用价值的公母兔清理出兔群，同时将经过选择和鉴定的优秀适龄后备兔补充到种兔群中，以组建一个健康高效的繁殖群。由于夏季持续高温，同时又进入第二次季节性换毛，特别是那些没有良好降温措施的养殖场，秋繁1~2胎配怀率普遍偏低，出现"秋季不孕"的现象。针对这一情况，除给种兔加强营养，改善公兔精液品质和母兔体况外，在配种前要对公兔精液品质进行检查，达不到要求的个体要暂停配种，加强饲养一段时间再进行繁殖，而精液品质较好的公兔，则要重点使用，防止出现盲目配种造成受胎率低的现象。同时采用复配或双重配种方法，以提高母兔的受胎率。

（五）及时储备草料

秋季是家兔饲料丰富的季节，也是收获的最佳季节。根据生产需要，进行粗饲料（如青干草、花生秧、红薯秧、豆秸等）的采收，及时晒干，妥善保存，防止受潮发霉变质。块根块茎饲料要及时收割，就地保存。在贮备草料的同时，也不要忘记在适宜种植冬、春季型牧草的地区要注意及时播种（如黑麦草、菊苣、苜蓿等），并作好前期管理工作，以给来年提供优质青绿饲料。

四、冬季饲养管理技术

进入冬季，外界气候有了巨大的变化，会给肉兔带来严重的冷应激，气温低，青草缺乏，北方地区尤甚，如若饲养管理不当，不仅影响冬季生产，而且还会对来年的发展带来不利影响。因此，要想肉兔安全越冬，获得良好的生产效益，则要着重做好以下几方面的工作。

（一）防寒保暖、保持适宜舍温

冬季室外的严寒，使舍内温度也随之降低，过低的舍温，会给肉兔带来很大的寒冷应激。尽管成年兔对寒冷的抵抗力强，但是当温度过低时，对兔的生长、增重、繁殖和仔幼兔成活率等都有较大的影响。因此，冬季饲养管理的中心工作是防寒保暖。我国南方地区，冬季月平均气温在10℃以上，最低温度也不过零下几摄氏度，而且持续时间短。因而一般情况下，不需要特别的供暖设备，但是经常出现较强的冷空气袭击，温度突然下降，特别是开放式圈舍，肉兔容易感冒和腹泻，因此要采取适当的保温措施。封闭式兔舍要关好门窗，防止贼风侵袭；半开放式和开放式兔舍则要放下卷帘或用塑料薄膜等封闭两侧，两端门上挂草帘等。仔兔可以采用保温箱、红外灯或修建仔兔保温室等进行保温，也可适当增加饲养密度，依靠兔群自身温度的散发来提高舍温。北方和高寒地区冬季寒冷，昼夜温差大，1月平均温度在0℃以下，最低气温可达 –30℃左右，因此，要在冬季养好兔，必须要有加温设施。兔舍最好采用封闭式，便于保暖和加温；除关闭门窗外，还应安装供暖设施，如暖气、远红外板、地炕等等。不管采取何种取暖方法，都要求温度比较稳定，温差范围不能过大，否则易引起兔感冒。在强调保温的同时，不可忽视通风换气，确保空气清新。在风和日丽的中午，应该打开窗户进行通风换气，将新鲜空气带进兔舍，饲养员要注意兔舍温度，如果兔舍温度下降 3~4℃，就应该及时关窗或停止排风，待气温回升时再进行一次，直到兔舍空气清新。

（二）加强营养，增加喂量

在冬季寒冷的环境中，肉兔会加大采食量以增加机体代谢产热来维持体温，因此在饲喂上，要充分考虑饲料供应的季节特点和家兔的营养需要，提高日粮的能量水平或加大喂量，一般喂料量要比平时多20%~30%。另外，由于昼短夜长，为避免肉兔晚间空腹时间过长，晚上最后一次喂料时要多喂一些。冬季青绿饲料缺乏，尤其是在北方地区，容易发生维生素缺乏症，因此，饲料中应特别注意维生素及微量元素的补充。也可适量加喂胡萝卜等多汁饲料，白菜叶等水分含量高的饲料晾薦后再喂，切记不可喂冰冻饲料。

（三）搞好卫生，严格消毒

冬季因为保暖而使兔群处于相对封闭的环境中，兔舍内的二氧化碳、氨气等有害气体浓度以及可吸入颗粒含量都会大大增加。这些有害物质会造成肉兔呼吸系统的刺激性伤害和免疫力下降，增加呼吸道疾病的发生，也会使已有的疾病症状加重而难以治愈。此外，舍内空气干燥，飘浮在空气中的细菌和病毒吸附于机体的概率也大大增加，容易造成病原微生物的大量繁殖。因此，做好环境卫生和消毒工作显得尤为重要。圈舍要常清扫，污水、粪便早除净，以保持圈舍清洁卫生、空气新鲜、干燥舒适的良好环境，降低舍内湿度，降低因粪便存积而产生的有害气体的浓度。圈舍要常消毒，常用生石灰加 1 份水制成熟石灰，然后加 4 份水即成 20% 的乳剂用于消毒。也可用碘类、酚类和季铵盐类等其他有效消毒药品消毒，药液应现配现用。专业户（场）应在大门、人畜通道出入口设消毒池或铺垫消毒地毯，消毒液、消毒地毯要勤换，保证新鲜有效。平常如有外来人员出入、车辆进出，必须采取严格的消毒措施。同时，要严格执行疫苗注射和药物保健，以减少疾病的发生。

（四）抓好冬繁

尽管春、秋两季是肉兔繁殖的黄金季节，但冬季空气干燥，一些病原微生物的活动受到抑制，兔病相对减少。因此，只要做好冬季的防寒保暖工作，解决好维生素类饲料，合理安排冬繁是非常有利的。严寒使母兔的活动明显减少，发情配种易被忽视，为做好冬繁，种兔舍温度设法保持在 10℃ 以上。饲料中添加多种维生素，并适当饲喂发芽饲料，如豆芽等，以促进母兔发情。配种时要选择天气晴朗，温度较高的中午进行。要采用重复配种和双重配种的方法，以提高受配率和产仔数。由于冬季气温低，种兔掉膘，如果繁殖任务过重，母兔很容易瘦弱而死。而且，由于御寒的需要，肉兔的采食量会加大，日增重降低，养殖成本增加，养殖效益降低。因此，冬繁母兔不宜进行频密繁殖。

技能训练

家兔的雌雄鉴别

【目的要求】通过实际操作训练，使学员能正确掌握家兔雌雄鉴别的方法。

【训练条件】不同性别和年龄的家兔若干只。

【操作方法】用正确的方法将兔捉出笼外，左手食指和中指夹住尾巴向后翻，拇指向上推，打开外生殖器。以此判断雌雄。

【考核标准】

1．捉兔方法正确。

2．家兔雌雄判断正确。

思考与练习

1．如何养好睡眠期的仔兔?

2．怎样提高幼兔成活率?

3．如何防止仔兔的黄尿病?

4．简述不同季节肉兔的饲养管理要领。

第五章 肉兔的健康与保健

1. 掌握肉兔场人员进舍、场区和环境、设备及用具、兔群、污水与粪便污物、饮水等不同情况的消毒方法。

2. 掌握兔舍环境要求及控制措施，能制定合理的防疫隔离制度。

3. 能制定肉兔场科学的免疫程序，并认真执行。

4. 掌握家兔的驱虫、杀虫与灭鼠方法。

5. 了解兔场粪污与病死兔的无害化处理方法。

技能要求

能正确给家兔进行免疫接种。

第一节 搞好肉兔场的消毒

一、人员进舍的消毒

在兔舍入口处、通道、走廊及化验室等处，应安装紫外线灯进行消毒，进出兔舍时停留 5~8 分钟。

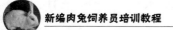

凡进入兔舍、饲料间的饲养人员必须换衣、换鞋；脚踏消毒池后方可入内，洗手消毒后才能开始工作；每天工作完毕应将工作服、鞋、帽子脱在更衣室，洗净备用。

二、场区和环境的消毒

凡来场的人员、车辆，必须经药物喷雾消毒后，才能进入场内；参观人员必须更换经消毒的工作服、鞋和帽子后才能进入生产区；出售家兔在场外进行，已调出的家兔严禁再送回场；严禁其他畜禽进入场内。

生产区内各栋兔舍周围、人行道每隔 3~5 天大扫除 1 次，每隔 10~15 天消毒 1 次；晒料场、兔运动场每日清扫 1 次，保持清洁干燥、每隔 5~7 天消毒 1 次。消毒药可交替选用 3% 来苏儿、2% 火碱水、5% 漂白粉、0.5% 甲醛、30% 草木灰、0.5% 过氧乙酸、0.02% 百毒杀等。

每年春秋两季对易污染的兔舍墙壁、固定兔笼的墙壁涂上 10%~20% 生石灰乳，墙角、底层笼阴暗潮湿处撒上生石灰；生产区门口、兔舍门口、固定兔笼出入口的消毒池，每隔 1~3 天清洗 1 次，并用 2% 的火碱水消毒、确保消毒效果。

对兔舍、运动场地面做预防性消毒时，可铲除表层土 3 厘米左右，用 10%~20% 新鲜石灰水、3%~5% 烧碱水或 5% 漂白粉溶液喷洒地面，然后垫上一层新土夯实；如进行紧急消毒时，可先在地面充分洒上对病原体具有强烈作用的消毒剂，过 2~3 小时后，铲去表面 10 厘米以上的土，并洒上 10%~20% 石灰水或 5% 漂白粉，然后垫上一层新土夯实，再喷洒 10%~20% 石灰水，经 5~7 天后将健康家兔重新放入饲养。

三、设备及用具的消毒

1. 常用消毒方法

（1）一般消毒　指笼具使用期间的带兔消毒。按使用说明用百毒杀，拜洁或水易净等配成一定的比例，喷洒消毒，一般 3 天 1 次。

（2）彻底消毒　指引种前全舍消毒或把兔从笼内提出的不带兔消毒。按使用说明用杀菌力较强的消毒液，如来苏尔、甲醛、烧碱等，但应注意消毒后不能立即放兔，须放置 2~3 天再放兔。还可用喷灯火焰消毒，火焰应达到笼具的每个部位、火焰消毒数小时后便可放兔。彻底消毒一般 1 月 1 次。

2．不同设备及用具的消毒

（1）兔舍、兔笼、通道、粪尿底沟　对木、竹兔笼及用具，可用开水或 2% 热碱水烫洗，也可用 0.1% 新洁尔灭或 3% 的漂白粉澄清液清洗。金属兔笼和用具可用喷灯进行火焰消毒，或浸泡在开水中 10~15 分钟，每日清扫 1 次、夏秋季节每隔 5~7 天消毒 1 次。粪便和脏物应远离兔场 150 米以外处堆积发酵。在消毒的同时有针对性地用 2% 敌百虫水溶液或 500~800 倍稀释的三氯杀螨醇溶液喷洒兔舍、兔笼和环境，以杀灭螨虫和有害昆虫，同时搞好灭鼠工作。

（2）设备、工具　各栋兔舍的设备、工具应固定，不得互相借用；每个兔笼和料槽、饮水器和草架也应固定；刮粪耙子、扫帚、锹、推粪车等用具，用完后及时消毒，晴天放在阳光下暴晒；产仔箱、运输笼用完后应冲刷干净，放在阳光下暴晒 2~4 小时，消毒后备用；家兔转群或母兔分娩前，兔舍、兔笼均须消毒 1 次。

（3）水槽、料槽、料盆、草架子、运料车　应每日冲刷干净、每隔 7~10 天用沸水浸泡或分别用 2% 热烧碱水、0.15% 洗必泰、2%~4% 福尔马林、0.5% 过氧乙酸等浸泡消毒 10~15 分钟后，清水冲洗干净再用；兔病医疗所用的注射器、针头、镊子等每次使用后煮沸 30 分钟或用 0.1% 新洁尔灭浸泡消毒；饲养人员的工作服、毛巾和手套等要经常用 1%~2% 的来苏儿或 4% 的热碱水洗涤消毒。

（4）产箱　使用过的产箱应倒掉里面的垫物，用清水冲洗干净，晾干后，在强日光下暴晒 5~6 小时，冬天可用紫外线灯照射 5~6 小时，再用消毒液喷雾消毒备用。

（5）兽医器械及用品的消毒　兽医器械及用品的消毒方法见表 5-1。

新编肉兔饲养员培训教程

表 5-1　兽医器械及用品的消毒

消毒对象	消毒药物与方法步骤	备注
体温表	先用 1% 过氧乙酸溶液浸泡 5 分钟做第一道处理，然后再放入另一 1% 过氧乙酸溶液中浸泡 30 分钟做第二道处理	① 针头用皂水煮沸消毒 15 分钟后，洗净，消毒后备用；② 煮沸时间从水沸腾时算起，消毒物应全部浸入水内
注射器	针筒用 0.2% 过氧乙酸溶液浸泡 30 分钟后再清洗，经煮沸或高压消毒后备用	
各种玻璃接管	① 将接管分类浸入 0.2% 过氧乙酸溶液中，浸泡 30 分钟后用清水冲清；② 再将接管用皂水刷，清水冲净，烘干后，分类装入盛器，经高压消毒后备用	有积污的玻璃管，须用清洁液浸泡，2 小时后洗净，再消毒处理
药杯、换药碗（搪瓷类）	① 将药杯用清水冲去残留药液后浸泡在 1∶1000 新洁尔灭溶液中 1 小时；② 将换药碗用肥皂水煮沸消毒 15 分钟；③ 再将药杯与换药碗分别用清水刷洗冲净后，煮沸消毒 15 分钟或高压消毒后备用（如药杯系玻璃类或塑料类的可用 0.2% 过氧乙酸浸泡 2 次，每次 30 分钟后，清洗烘干、备用）	① 药杯与换药碗不能放在同一容器内煮沸或浸泡；② 若用后的药碗染有各种药液颜色的，应煮沸消毒后用去污粉擦净，洗清，揩干后再浸泡；③ 冲洗药杯内残留药液下来的水须经处理后再弃去
托盘方盘弯盘（搪瓷类）	① 将其分别浸泡在 1% 漂白粉澄清液中 1 小时；② 再用皂水刷洗，清水洗净后备用	漂白粉澄清液每 2 周更换 1 次，夏季每周更换 1 次
污物敷料桶（搪瓷类）	① 将桶内污物倒去后，用 0.2% 过氧乙酸溶液喷雾消毒，放置 30 分钟；② 用碱或皂水将桶刷洗干净，清水洗净后备用	① 污物敷料桶每周消毒 1 次；② 桶内倒出的污敷料须消毒处理后回收或焚毁后弃去

120

（续表）

消毒对象	消毒药物与方法步骤	备注
污染的镊子、钳子等	① 放入1%皂水煮沸消毒15分钟；② 再用清水将其冲净后，煮沸15分钟或高压消毒备用	① 被脓、血污染的镊子、钳子或锐利器械应先用超声波清洗干净，再行消毒；② 刷洗下的脓、血水按每1000毫升加过氧乙酸原液10毫升计算（即1%浓度），消毒30分钟后，才能倒弃；③ 器械盒每周消毒一次；④ 器械使用前应用生理盐水淋洗
锐利器械	① 将器械浸泡在2%中性戊二醛溶液中1小时；② 再用皂水将器械用超声波清洗，清水冲净，揩干后，浸泡于第二道2%中性戊二醛溶液中2小时；③ 将经过第一二道消毒后的器械取出后用清水冲洗后的器械取出后用清水冲洗后浸泡于1∶1 000新洁尔灭溶液的消毒盒内备用	
开口器	① 将开口器浸入1%过氧乙酸溶液中，30分钟后用清水冲洗；② 再用皂水刷洗，清水冲洗，揩干后，煮沸或高压蒸汽消毒备用	浸泡时开口器应全部浸入消毒液中
硅胶管	① 将硅胶管拆去针头，浸泡在0.2%过氧乙酸溶液中，30分钟后用清水冲洗；② 再用皂水冲洗硅胶管管腔后，用清水冲净、揩干	拆下的针头按注射器针头消毒处理
手套	① 将手套浸泡在0.2%过氧乙酸溶液中，30分钟后用清水冲洗；② 再将手套用皂水清洗清水漂净后晾干；③ 将晾干后的手套，用高压蒸汽消毒或环氧乙烷熏蒸消毒后备用	手套应浸没于过氧乙酸溶液中，不能浮于液面上
橡皮管、投药瓶	① 用浸有0.2%过氧乙酸的揩布擦洗物件表面；② 再用皂水将其刷洗、清水洗净后备用	
导尿管、肛管、胃导管	① 将物件分类浸入1%过氧乙酸溶液中，浸泡30分钟后用清水冲洗；② 再将物件用皂水刷洗、清水洗净后，分类煮沸15分钟或高压消毒后备用	物件上胶布痕迹可用乙醚擦除

（续表）

消毒对象	消毒药物与方法步骤	备注
输液输血皮条	① 将皮条针上头拆去后，用清水冲净皮条中残留液体，再浸泡在清水中；② 再将皮条用皂水反复揉搓，清水冲净，揩干后，高压消毒备用	拆下的针头按注射器针头消毒处理
手术衣、帽、口罩等	① 将其分别浸泡在 0.2% 过氧乙酸溶液中 30 分钟，用清水冲洗；② 再用皂水搓洗，清水洗净、晒干高压灭菌备用	口罩应与其他物件分开洗涤
创巾、敷料等	① 污染血液的，先放在冷水或 5% 氨水内浸泡数小时，然后在皂水中搓洗，最后在清水中漂净；② 污染碘酊的，用 2% 硫代硫酸钠溶液浸泡 1 小时，清水漂洗、拧干，浸于 0.5% 氨水中，再用清水漂净；③ 经清洗后的创巾、敷料高压蒸汽灭菌备用	被传染性物质污染时，应先消毒后洗涤，再灭菌
推车	① 每月定期用去污粉或皂粉将推车擦洗 1 次；② 污染的推车应及时用 0.2% 过氧乙酸溶液擦拭，30 分钟后再用清水揩净	

四、兔群消毒

1. 兔舍带兔消毒

先彻底清除粪便、剩余饲料等污物，用清水洗刷干净，待干燥后进行消毒，平时每 7 天消毒 1 次，可分别用 5%~20% 漂白粉溶液、0.15% 新洁尔灭溶液、百毒杀等喷洒。

2. 转群或分娩前、空舍时的消毒

常采用福尔马林熏蒸，每立方米空间用福尔马林 25 毫升，水 12.5 升，两者混合后加入容器（要求是广口的）内，再放入高锰酸钾 25 克，关闭门窗消毒 24 小时，然后打开窗户通风透气，停留 1 天后再放入家兔；或用过氧乙酸熏蒸，每立方米空间 1~3 克，配制成 3%~5% 溶液，熏蒸时关闭门窗 1~2 小时。因稀释液不稳定，要现用现配。

五、污水与粪便污物消毒

1. 污水消毒

可在每立方米水中加漂白粉 8~10 克。

2. 粪便等污物消毒

常采用生物热发酵方法：在距兔场 200 米以外无居民、河流及水井而且土质干涸的地方，挖几个圆形或长方形的发酵池，坑壁、坑底拍打结实，最好用砖砌后再抹水泥，以防渗水。然后将每天清除的粪便及污物等倒入池内、直到快满时，在粪便表面铺上一层杂草，上面用一层泥土封好，经过 1~3 个月可达到消毒目的，取出后作肥料用。

六、饮水消毒

（一）饮水系统的消毒

对于封闭的乳头饮水系统而言，可通过松开部分的连接点来确认其内部的污物。污物可粗略地分为有机物（如细菌、藻类或霉菌）和无机物（如盐类或钙化物）。可用碱性化合物或过氧化氢去除前者或用酸性化合物去除后者，但这些化合物都具有腐蚀性。确认主管道及其分支管道均被冲洗干净。

1. 封闭的乳头或杯形饮水系统消毒

先高压冲洗，再将消毒液灌满整个系统，并通过闻每个连接点的化学药液气味或测定起 pH 值来确认是否被充满。浸泡 24 小时以上，充分发挥化学药液的作用后，排空系统，并用清水彻底冲洗。

2. 开放的圆形和杯形饮水系统消毒

用清洁液浸泡 2~6 小时，将钙化物溶解后再冲洗干净，如果钙质过多，则必须刷洗。将带乳头的管道灌满消毒药，浸泡一定时间后冲洗干净并检查是否残留有消毒药；而开放的部分则可在浸泡消毒液后冲洗干净。

（二）饮水消毒

兔饮水应清洁无毒、无病原菌，符合人的饮用水标准。生产中使用干净的自来水或深井水，但水容易受到污染，需要定期进行消毒。生产上常用的饮水消毒剂多为氯制剂、碘制剂和复合季铵盐类等。消

新编肉兔饲养员培训教程

毒药可以直接加入蓄水或水箱中，用药量应以最远端饮水器或水槽中的有效浓度达该类消毒药的最适饮水浓度为宜。家兔喝的是经过消毒的水而不是喝的消毒药水，任意加大水中消毒药物的浓度或长期使用，除可引起急性中毒外，还可杀死或抑制肠道内的正常菌群，影响饲料的消化吸收，对家兔健康造成危害，另外影响疫苗防疫效果。饮水消毒应该是预防性的，而不是治疗性的，因此消毒剂饮水要谨慎行事。

七、垫料的消毒

兔子使用的垫料可以通过阳光照射的方法进行消毒，这是一种最经济、最简单实用的消毒方法。将垫料放在烈日下，暴晒 2~3 小时，能杀灭多种病原微生物。对于少量的垫料，可以直接用紫外线灯照射 1~2 小时，可以杀灭大部分微生物。

八、发生疫病后的紧急措施

（一）立即隔离病兔

兔场一旦发生传染病后，应迅速将有病和可疑病兔隔离治疗。饲料、饮水和用具不得入内，在隔离所进出口设消毒池，防止疫情的扩散和传播。

（二）及时诊断

兔场发生疫病时，应及时组织人员现场会诊，得出准确的疫情报告，提出防治疫病的紧急补救措施。

（三）消毒杀菌

当疫病已在本场发生或流行时，应对疫区和受威胁的兔群进行紧急疫情扑灭措施。对污染过的兔笼、饲料、食槽、饮水器、各种用具、衣服、粪便、环境和全部兔舍用 1%~3% 的热碱溶液、3%~5% 苯酚溶液、3%~5% 来苏尔和 10%~20% 石灰乳消毒。目前常用的还有过氧乙酸和毒杀等新的消毒药，切断各种传播媒介。

（四）紧急预防接种

有的传染病可用药物进行预防性治疗。如兔巴氏杆菌病可用青霉素、链霉素、磺胺药进行防治。与此同时，必须加强饲养管理，增加有营养的饲料，提高兔群的抵抗力。

124

（五）挽救病兔，减少损失

兔场发生传染病后，保护健康兔，挽救病兔和净化兔场的工作应同时全盘开展，刻不容缓。治疗病兔的目的在于通过消除传染源，净化环境，减少兔场损失，同时为今后工作积累新的经验。及时安全处理病兔和死兔，有价值的种兔需要精心治疗，没有价值的应及时淘汰，妥善处理或深埋或烧毁处理，不得食用和作商品兔出售。

兔场发生传染病，尤其是烈性传染病，常给兔场带来重大危害，有的甚至在短时间内全军覆灭，造成惨重的经济损失。一旦发现应及时处理。

第二节　重视肉兔场的防疫

一、兔舍环境要求

应便于实施科学的饲养管理，以减轻劳动强度，提高工作效率。固定式多层兔笼总高度不宜过高，为便于清扫、消毒，双列式道宽以1.5米左右为宜，粪水沟宽应不小于0.3米。家兔的环境卫生指标，应根据家兔的生理习性来制定。

1.温度

兔子汗腺极不发达，对环境温度非常敏感。据试验，仔兔的最适温度为30~35℃，幼兔为20~25℃，成年兔为15~20℃。建舍时要考虑环境温度。

2.湿度

兔性喜干燥环境，最适宜的相对湿度为60%~65%，一般不应低于55%或高于70%。高温高湿和低温高湿环境对兔子有百害而无一利，既不利夏季散热，也不利冬季保温，还容易感染体内外寄生虫病等。

3.通风

通风是调节兔舍温湿度的好方法。通风还可排出兔舍内的污浊气体、灰尘和过多的水气，能有效地降低呼吸道疾病的发病率。兔子排出的粪尿及污染的垫草，在一定温度条件下可分解散发出氨、硫化氢、二氧化碳等有害气体。兔子是敏感性很强的动物，对有害气体的耐受量比其他动物低，当兔子处于高浓度的有害气体环境条件下，极易引起呼吸道疾病，加剧巴氏杆菌病、传染性感冒等的蔓延。

通风方式，一般可分为自然通风和机械通风两种。小型兔场常用自然通风方式，利用门窗的空气对流或屋顶的排气孔和进气孔进行调节，大中型兔场常采用抽气式或送气式的机械通风，这种方式多用于炎热的夏季，是自然通风的辅助形式。

兔子冬季必须保证每千克活兔每小时 1 米^3 的新鲜空气通风量，这些风量必须通过风机负压来均衡实现，不能间断提供，否则真菌皮肤病和鼻炎等疾病会在第二年春天暴发。夏天也不是通风越大越好，过大不但不能降低反而会提高温度，因为风速超过 1.8 米 / 秒时，湿帘就会降低或失去降温作用，另外过大风速会对兔子产生不利影响。

4. 光照

光照对兔子的生理机能有着重要调节作用。适宜的光照有助于增强兔子的新陈代谢，增进食欲，促进钙、磷的代谢作用；光照不足则可导致兔子的性欲和受胎率下降。此外，光照还具有杀菌、保持兔舍干燥和预防疾病等作用。生产实践表明，公母兔对光照要求是不同的。

5. 噪声

噪声是重要的环境因素之一。据试验，突然的噪声可导致妊娠母兔流产，哺乳母兔拒绝哺乳，甚至残食仔兔等严重后果。噪声的来源主要有三方面：一是外界传入的声音；二是舍内机械、操作产生的声音；三是兔子自身产生的采食、走动和争斗声音。兔子如遇突然的噪声就会惊慌失措，乱蹦乱跳，蹬足嘶叫，导致食欲不振甚至死亡等。

6. 灰尘

空气中的灰尘主要有风吹起的干燥尘土和饲养管理工作中产生的大量灰尘，如打扫地面、翻动垫草、分发干草和饲料等。灰尘对兔子的健康和兔毛品质有着直接影响。灰尘降落到兔体体表，可与皮脂腺分泌物、兔毛、皮屑等粘混一起而妨碍皮肤的正常代谢，影响兔毛品质；灰尘吸入体内还可引起呼吸道疾病，如肺炎、支气管炎等；灰尘还可吸附空气中的水气、有毒气体和有害微生物，产生各种过敏反应，甚至感染多种传染性疾病。

7. 绿化

绿化具有明显的调温调湿、净化空气、防风防沙和美化环境等重要作用。特别是阔叶树，夏天能遮荫，冬天可挡风，具有改善兔舍小气候的重要作用。根据生产实践，绿化工作搞得好的兔场，夏季可降温 3~5℃，相对湿度可提高 20%~30%。种植草地可使空气中的灰尘含量减少 5% 左右。

二、兔舍的环境控制

（一）绿化环境

兔场的绿化，不但可以美化环境，还可以减少污染和噪声。

1. 改善场内小气候

绿化可以缓和严冬时的温差，夏季树木可以遮挡并吸收阳光辐射，降低兔场气温；绿化可增加小环境空气湿度；绿化可降低风速，减少寒风对兔生产的影响。

2. 净化空气

兔场排出的二氧化碳比较集中，树木和绿草可吸收大量的二氧化碳，同时释放出大量的氧气。植物尚能吸收大气中的二氧化硫、氟化氢等有害气体。据调查，有害气体经绿化地区后至少有 25% 被阻留净化。

3. 减少空气微粒

绿化林带能净化、澄清大气中的粉尘。在夏季，空气穿过林带时，微粒量下降 35.2%~66.5%，微生物减少 21.7%~79.3%。草地可吸附空气中的微粒，固定地面上的尘土，减少扬尘。

4. 减少噪声

树木及植被对噪声具有吸收和反射作用，可以减弱其强度。树叶的密度越大，则减音的效果也越显著，因此兔场周边栽种树冠大的乔木，可减弱噪声对周围居民及兔的影响。

5. 减少空气及水中细菌含量

森林可使空气中的微粒量大为减少，因而使细菌失去了附着物，树木也相应减少；同时，某些树木的花、叶能分泌芳香物质，可以杀死细菌、真菌等。

6. 防疫、防火

兔场外围的防护林带和各区域之间种植隔离林带，都可以防止人、畜任意来往，减少疫病传播的机会。由于树木枝叶含有大量的水分，并有很好的防风隔离作用，可以防止水灾蔓延。

（二）控制和消除空气中的有害物质

大环境和小气候的空气污染给兔场生产带来不良影响。空气中的有害物质大体分为有害气体、有害微粒和有害微生物三大类。

1. 有害气体

兔舍中的有害气体主要有氨气、硫化氢、一氧化碳、二氧化碳等。控制和消除舍内有害气体必须采取综合措施，即做好兔舍卫生管理，兔舍内合理的除粪装置和排水系统，可及时清除粪尿污水，兔舍防潮和保暖，合理通风。

2. 有害微粒

兔舍空气中经常漂浮着固态和液态的微粒，微粒分为尘、烟、雾三类。微粒对畜禽的危害主要表现在：微粒落于体表，与皮脂腺分泌物、细毛、微生物等粘结在皮肤上，引起皮肤炎症，还能堵塞皮脂腺的出口，汗腺分泌受阻，散热功能降低；大量的微粒对兔呼吸道黏膜产生刺激作用，如微粒中携带病原微生物，可使兔感染。兔场内、外绿化可有效减少空气中微粒；禁止干扫兔场，及时通风换气，排除舍内的微粒。

3. 有害微生物

兔舍内空气中的微生物大体可分为三大类：第一类是舍外空气中常见的微生物，如芽孢杆菌属、无色杆菌属、细球菌属、酵母菌属、真菌属等，它们在扩散过程中逐渐被稀释，致病力减弱；第二类是病原微生物，随着呼吸进入兔机体，引起各种疾病；第三类是空气变应源污染物，是一种能激发变态反应的抗原性物质，常见的有饲料粉末、花粉、皮垢、毛屑、各种真菌孢子等，严格的消毒制度是控制和消除空气中微生物的有力措施，平时要保证兔舍通风换气、清洁卫生，及时清除粪尿和垫草，并进行消毒处理。

（三）防止噪声

噪声会使兔受到惊吓，引起外伤；长时间的噪声会使家兔体质下降，影响生长发育，甚至死亡。为减少噪声，建场时尽量远离噪声源，场内规划要合理，使汽车、拖拉机等不能靠近兔舍；选择性能稳定、噪声小的机械设备；种树种草降低噪声。

（四）加强环境卫生的监测

监测环境卫生是为了查明污染状况，以便采取有效的改善措施。

1. 空气环境监测

主要包括温度、湿度、气流方向及速度、通风换气量、照度等。同时，还必须监测空气中的氨气、硫化氢、二氧化碳等的含量。必要时可监测噪声、灰尘等。

2. 水质监测

水质监测内容应根据供水水源性质而定，自来水和地下水化学检测指标有：pH 值、总硬度、溶解性总固体、氯化物、硫酸盐；细菌学指标：总大肠菌群；毒理学指标有：氟化物、氰化物、总汞、总砷、铅、六价铬、镉、硝酸盐。

3. 土壤监测

土壤可容纳大量污染物，土壤监测项目有硫化物、氟化物、酚、氰化物、汞、砷、六价铬、氮化物、农药等。

三、制定合理的防疫隔离制度

（一）兔场生物安全隔离措施

就是在修建兔场时，考虑好把兔场置于一个相对安全的环境中。

1. 场址选择

应远离其他兔场、交通要道和居民居住区，地势高燥，便于排水，水源充足，并建在上风区。特别要远离屠宰场、肉类加工厂、皮毛加工厂、活畜交易市场等污染可能性大的地方。

2. 建立隔离带

兔场应建围墙，有条件的在场周围要设防疫沟和防疫隔离带，兔舍间相隔一定距离；在兔舍与兔舍之间，道路两旁种植植物，可以建立起植物安全屏障，对阻断病原微生物、净化空气和防暑降温都有一

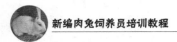

定作用。

3. 合理布局

生产、管理和生活区应严格分开，在管理区和生产区之间要设置消毒通道。运送饲料道路与粪尿污物运送道要分开。饲料加工间应建在全场上风头，粪尿池、堆粪处和毁尸坑要建在生产区外，处于下风地。粪尿沟尽量走向舍外，粪尿集中处理。

（二）引种隔离

对新引进兔群要进行至少 2 周以上的隔离观察，隔离观察期间应每天注意查看兔精神、食欲等状况，发现有病的兔应立即从兔群中挑出，隔离。经 2 周以上隔离观察的健康兔进行必要免疫后，方可进入生产区。隔离场的工作人员仅在隔离场工作，不能进入正常生产区与其他兔接触。

（三）病兔隔离

隔离病兔是防制传染病发生后继续扩散的重要措施之一。通过隔离病兔能很好地控制传染源，缩小疫情发生范围。发现病兔后，若数量较少，可将病兔转入隔离舍，且专人饲养，严加护理和观察、治疗。同时对粪污、所用用具以及可能接触过的物品进行彻底消毒。如果场内只有少数几只家兔患病，为了迅速扑灭疫病，可以采取扑杀病兔的方式。如果病兔数量多，就将病兔集中隔离在原来的兔舍内，进行严格的消毒，专人饲养和治疗。

第三节　肉兔场的免疫

免疫是动物体的一种生理功能，动物体依靠这种功能识别"自己"和"非己"成分，从而破坏和排斥进入机体的抗原物质，或动物体本身所产生的损伤细胞等，以保持动物体的健康。免疫是当前防控动物疫病的有效手段，是避免和减少动物疫情发生的关键。

一、制定科学的免疫程序

免疫程序是指养殖户根据当地疫情、家兔体质状况（主要是指母源或后天获得的抗体消长情况）以及现有疫（菌）苗的性能等实际情况，为使家兔机体获得稳定的免疫力，选用适当的疫苗，安排在适当的时间给家兔进行免疫接种的预防接种计划。即依据疫病在本地区流行情况及规律，用途、年龄、母源抗体水平和饲养条件，使用疫苗的种类、性质、免疫途径。

一个地区、一个养殖场户可能会发生多种兔病，而可以用来预防这些疫病的疫苗性质又不尽相同，免疫期长短不一，因此需要根据各种疫苗的免疫特性合理地制定免疫接种的剂量、接种时间、接种次数和间隔时间。

没有一个一成不变、放之四海而皆准的通用免疫程序。免疫程序是动态的，随着季节、气候、疫病流行情况、生产过程的变化而改变。虽然可以参照他人的成功经验，但不能生搬硬套、照搬照抄。因此，在制定一个免疫程序时，必须根据本场兔子疫病实际发生情况，考虑兔场所在地区的疫病流行特点，结合兔群的种类、年龄、饲养管理、母源抗体的干扰以及疫苗的性质、类型和免疫途径等各方面因素和免疫监测结果，制定适合本场的免疫程序。

（一）制定免疫程序时应考虑的因素

制定免疫程序时应考虑如下 8 个方面的因素。

1. 免疫的目的

不同用途、不同代次的家兔，其免疫要达到的目的是不同的，所选用的疫苗及免疫次数也不尽相同。

2. 疫病流行情况及严重程度

家兔疫病的种类多、流行快、分布广，养殖场户在制定免疫程序时，首先应考虑当地家兔流行情况和严重程度，以及该兔场已发生过什么病、发病日龄、发病频率及发病批次，依此确定疫苗的种类和免疫时机。一般情况下，常发病、多发病而且有疫苗可以预防的疾病，应该重点进行免疫，而本地区、本场从未发生过的疫病或尚未证实发生的新流行疾病，即使有疫苗，也应该慎重免疫，必须证明确实已受到严重威胁时才进行免疫接种。

3. 母源抗体的干扰

家兔体内存在的抗体根据来源可分为两大类：一类是先天所得，

即通过种兔免疫传递给后代的母源抗体；另一类是通过后天免疫产生的抗体。

母源抗体的被动免疫对新生仔兔来说十分重要，然而对疫苗的接种也带来一定的影响。免疫程序的关键是排除母源抗体干扰，确定合适的首免日龄。最好选定在仔兔持有的母源抗体不会影响疫苗的免疫效果而又能防御病毒感染的期间，即母源抗体为 1：（8~64）时。如在母源抗体效价尚高时接种疫苗，即会被母源抗体中和掉部分弱毒，阻碍疫苗弱毒的复制，仔兔就不能产生坚强的主动免疫力。因此，当母源抗体水平高且均匀时，推迟首免时间；当母源抗体水平低时，首免时间提前；当母源抗体水平不均匀时，需要通过加大免疫剂量使所有家兔均获得良好的免疫应答。

家兔体内的抗体水平与免疫效果有直接关系，一般免疫应选在抗体水平到达临界线时进行。但是抗体水平一般难以估计，有条件的场户可以通过监测确定抗体水平；不具备条件的，可通过疫苗的使用情况及该疫苗产生抗体的规律去估算抗体水平。

4. 疫苗的种类、特性和免疫期

疫苗一般分弱毒活苗、灭活苗或单价苗、多价苗、联苗等。各种疫苗的免疫期以及产生免疫力的时间是不相同的，设计免疫程序时应考虑各种疫苗间的配合或相互干扰，采用合理的免疫途径及疫苗类型来刺激机体产生免疫力。一般情况下，应首选毒力弱的疫苗作基础免疫，然后用毒力稍强的疫苗加强免疫。

当然，在进行加强免疫时要考虑并确定间隔时间。有人认为免疫次数越多，间隔时间越短越好，但是如果引起免疫耐受，反而达不到效果，因此同类疫苗重复免疫，最短时间不能少于 14 天。

5. 免疫方法

设计免疫程序时应考虑疫苗的免疫方法，正规疫苗生产厂家提供的产品都附有使用说明，免疫应根据使用说明进行。一般活苗采用饮水、喷雾、滴鼻、点眼、注射免疫，灭活苗则需要肌内注射或皮下注射。合理的免疫途径可以刺激机体尽快产生免疫力，而不合适的免疫途径则可能会导致免疫失败，如油乳剂灭活苗不能进行饮水、喷雾免疫，否则易造成严重呼吸道或消化道障碍。同一种疫苗用不同的免疫途径所获得的免疫效果也不一样。

6. 家兔的生长阶段

家兔在不同生长阶段进行不同疫苗的免疫接种，包括所使用的疫苗种类、疫苗接种量以及疫苗免疫方法等都有不同。

7. 季节因素

有些疫病的发病有一定的季节性和阶段性，制定免疫程序时，应根据这些疫病的发病季节特点，既要避免疫苗浪费和减少人工，又要达到较好的免疫效果。

8. 免疫效果

一个免疫程序在应用一段时间后，免疫效果可能会变得不再那么理想，要根据免疫抗体的监测情况和生产成绩适当进行调整，使免疫更科学、更合理。养殖场户每半年要进行一次免疫抗体的检测，以便评估免疫效果，并合理调整免疫程序。一般超过70%以上的家兔抗体水平是合格的，也说明这种疫苗具有理想的保护力。

（二）肉兔场参考免疫程序

1. 仔兔和幼兔免疫程序

参考表5-2。

表5-2　仔兔和幼兔参考免疫程序

日龄	疫苗种类	剂量（毫升/只）	注射部位
25~28日龄	大肠杆菌病多价疫苗	2	皮下注射
30~35日龄	巴波二联疫苗	2	皮下注射
40~45日龄	兔病毒性出血症（兔瘟）灭活疫苗	2	皮下注射
50~55日龄	魏氏梭菌病灭活疫苗	2	皮下注射
60~65日龄	兔瘟灭活疫苗	1	皮下注射

2. 中成兔免疫程序

参考表5-3。

表 5-3　中成兔参考免疫程序

日期	疫苗种类	剂量（毫升/只）	注射部位
3 月 10 日和 9 月 10 日	兔瘟灭活疫苗	2	皮下注射
1、4、7、10 月	巴波二联疫苗	2	皮下注射
3 月 25 日和 9 月 25 日	伊维菌素	按体重	皮下注射
4 月 10 日 10 月 10 日	大肠杆菌病多价疫苗	2	皮下注射
2 月 10 日和 9 月 10 日	兔葡萄球菌病灭活疫苗	2	皮下注射
2 月 20 日和 9 月 20 日	兔魏氏梭菌病灭活疫苗	2	皮下注射

3. 商品肉兔（90 日龄以下出栏）免疫程序

参考表 5-4。

表 5-4　90 日龄以下出栏商品肉兔参考免疫程序

免疫日龄	疫苗名称	剂量（毫升/只）	免疫途径
35~40 日龄	兔瘟 - 多杀性巴氏杆菌病二联灭活疫苗或兔瘟灭活疫苗	2	皮下注射

4. 商品肉兔（90 日龄以上 - 出栏）免疫程序

参考表 5-5。

表 5-5　90 日龄以上至出栏商品肉兔参考免疫程序

免疫日龄	疫苗名称	剂量（毫升/只）	免疫途径
35~40 日龄	兔瘟 - 多杀性巴氏杆菌病二联灭活疫苗	2	皮下注射
60~65 日龄	兔瘟 - 多杀性巴氏杆菌病二联灭活疫苗或兔瘟灭活疫苗	1	皮下注射

5. 繁殖母兔种公兔（每年 2 次定期免疫，间隔 6 个月）免疫程序

参考表 5-6。

表5-6 繁殖母兔、种公兔参考免疫程序

定期免疫	免疫病种	疫苗种类	免疫剂量（毫升/只）	免疫途径
第1次	兔瘟	兔瘟灭活苗	1	皮下注射
	兔瘟、多杀性巴氏杆菌	兔瘟-多杀性巴氏杆菌病二联灭活疫苗	2	皮下注射
	兔瘟、多杀性巴氏杆菌、产气荚膜梭菌病（魏氏梭菌病）	兔瘟-多杀性巴氏杆菌病-产气荚膜梭菌病（魏氏梭菌病）三联灭活疫苗	2	皮下注射
	家兔产气荚膜梭菌病（魏氏梭菌病）	家兔产气荚膜梭菌病（魏氏梭菌病）A型灭活疫苗	2	皮下注射
间隔6个月第2次	兔瘟	兔瘟灭活苗	1	皮下注射
	兔瘟、多杀性巴氏杆菌病	兔瘟-多杀性巴氏杆菌病二联灭活疫苗	2	皮下注射
	兔瘟、多杀性巴氏杆菌、产气荚膜梭菌病（魏氏梭菌病）	兔瘟-多杀性巴氏杆菌病-产气荚膜梭菌病（魏氏梭菌病）三联灭活疫苗	2	皮下注射
	产气荚膜梭菌病（魏氏梭菌病）	产气荚膜梭菌病（魏氏梭菌病）A型灭活疫苗	2	皮下注射

注：定期免疫时，各种疫苗注射间隔5~7天。

6. 种公兔（每年2次定期免疫，间隔6个月）免疫程序参考表5-7。

表 5-7 种公兔参考免疫程序

定期免疫	免疫病种	疫苗名称	剂量（毫升/只）	免疫途径
第1次	兔病毒性出血症、多杀性巴氏杆菌病	兔病毒性出血症-多杀性巴氏杆菌病二联灭活疫苗	1	皮下注射
	产气荚膜梭菌病（魏氏梭菌病）	家兔产气荚膜梭菌病（魏氏梭菌病）A型灭活疫苗	2	皮下注射
第2次	兔瘟、多杀性巴氏杆菌病	兔瘟-多杀性巴氏杆菌病二联灭活疫苗	1	皮下注射
	产气荚膜梭菌病（魏氏梭菌病）	家兔产气荚膜梭菌病（魏氏梭菌病）A型灭活疫苗	2	皮下注射

注：定期免疫时，各种疫苗注射间隔 5~7 天。

7. 家兔（不分类）免疫程序

参考表 5-8。

表 5-8 家兔（不分类）参考免疫程序

免疫日龄	免疫病种	疫苗种类	免疫方法	免疫剂量（毫升/只）	备注
20~25 日龄	大肠杆菌病	多价灭活苗	皮下注射	2	可断奶好加强免疫 2 毫升
30~35 日龄	多杀性巴氏杆菌病、波氏杆菌病	二联灭活苗	皮下注射	2	
40~45 日龄	兔瘟首次免疫	灭活苗	皮下注射	1	之后每年春秋两季各免疫 1 次
60	兔瘟二免	灭活苗	皮下注射	2	

（续表）

免疫日龄	免疫病种	疫苗种类	免疫方法	免疫剂量（毫升/只）	备注
50~55日龄	产气荚膜梭菌病	（A）型灭活苗	皮下注射	2	
断奶后和每年春秋	产气荚膜梭菌病	（A）型灭活苗	皮下注射	2	常发兔场每年2次
母兔配种前	乳房炎	灭活苗	皮下注射	3	常发兔场买年2~3次

二、家兔常用疫苗的应用

（一）兔常用疫苗的使用

兔的疫苗可分为单苗和联苗。兔常用的单苗有兔瘟灭活疫苗、巴氏杆菌灭活菌疫苗、波氏杆菌灭活菌疫苗、魏氏梭菌（A型）氢氧化铝灭活菌疫苗、伪结核灭活菌疫苗、大肠杆菌多价灭活菌疫苗和沙门氏杆菌病灭活菌疫苗等。兔常用的二联疫苗有兔瘟–魏氏梭菌二联疫苗、巴氏杆菌–魏氏梭菌二联疫苗、兔瘟–巴氏杆菌二联疫苗等；兔常用的三联疫苗有兔瘟–巴氏杆菌–魏氏梭菌三联疫苗和兔瘟–大肠杆菌–魏氏梭菌三联疫苗等。

兔常用疫苗及使用方法见表5–9。

表5–9 兔常用疫苗的使用

名称	免疫期	保存	建议用法
兔瘟灭活疫苗（氢氧化铝甲醛苗）	6个月	2~8℃阴凉处1年	35~40日龄初免2毫升（联苗2毫升）；后隔6个月接种1次
兔瘟蜂胶灭活疫苗	6个月	2~8℃阴凉处1年	35~40日龄初免1毫升，60~70日龄加强免疫1毫升（联苗2毫升）；后6个月1次
兔多杀性巴氏杆菌灭活苗	4~6个月	2~15℃阴凉处1年	断奶后一周皮下注射1毫升，4~6个月1次（可用巴波二联苗）
兔瘟–巴氏杆菌病二联灭活疫苗	6个月	2~15℃阴凉处1年	皮下注射1~2毫升，每6个月1次

名称	免疫期	保存	建议用法
兔魏氏梭菌病 A 型灭活疫苗	同上	2~8℃阴暗处 1 年	幼兔 60 日龄皮下注射 2 毫升，每 6 个月免疫 1 次，可用单苗或瘟巴魏三联苗
兔大肠杆菌病多价灭活疫苗	同上	同上	断奶前 1 周皮下注射 2 毫升，每 6 个月免疫 1 次，可用单苗或兔瘟－巴氏杆菌－魏氏梭菌三联苗
兔克雷伯氏菌下痢病灭活疫苗	同上	2~15℃阴凉处 1 年	幼兔断奶时皮下注射 2 毫升
兔葡萄球菌病灭活疫苗	同上	同上	预防本病菌引起的母兔乳房炎、仔兔黄尿病、脚皮炎等母兔于配种前后皮下注射 2 毫升，每 6 个月 1 次
兔波氏杆菌病灭活疫苗	同上	同上	幼兔 52 日龄皮下注射 2 毫升，每 6 个月 1 次，可用单苗或巴波二联苗
兔巴氏杆菌病－波氏杆菌病二联灭活疫苗	同上	同上	皮下注射 2 毫升，每 6 个月 1 次
兔瘟－巴－魏三联灭活苗	同上	2~8℃阴暗处 1 年	皮下注射 2 毫升，每 6 个月 1 次

（二）兔用疫苗的保存

1. 贮藏温度

目前市场上销售的兔用疫苗都是灭活疫苗。灭活疫苗长期保存必须放在冷藏箱内，温度在 2~8℃。温度过高容易使疫苗的免疫效力下降，保存时间变短。灭活疫苗结冰同样也会使疫苗的免疫效力下降，有时比短期内的高温更严重。原因是结冰后疫苗中佐剂的作用被破坏。短期内的高温对于灭活疫苗来说不是很严重，因为灭活疫苗中的抗原已是死的，免疫效力下降的速度较慢，主要是抗原自然降解。而活疫苗的抗原是活的，一旦活的抗原死掉一部分，抗原量不足的话，就不能保证疫苗的免疫效力。

2. 用药及消毒

灭活疫苗的抗原是死的，使用疫苗期间用药及消毒是不会影响免疫效果的。但使用活疫苗时，用药及消毒会杀死活疫苗中的细菌或病毒，使活疫苗的免疫效果降低或丧失。但注射疫苗期间，对免疫有抑制作用的药物不得使用，如氯霉素类。

3. 有效期

有人认为疫苗越新鲜越好，看起来是对的，实际上正规厂按国家标准生产的疫苗，在保质期内都是有效的，但必须在适当的温度下保存。一般疫苗生产后有一个质量检验的过程，大概需要一个月的时间，有时候需要 2 个多月。倘若用户买到的疫苗离生产日期仅有 10~15 天，那么该疫苗就没有经过检验，质量不能保证，有时会产生严重的后果。在生产实践中，灭活疫苗只要保存得当，物理性状良好，即使有效期已到(1 个月以内)，使用也是有效的。如不放心，可以适当增加用量。

三、免疫接种的注意事项及接种后的观察

(一)免疫接种的注意事项

免疫接种是预防各种动物疫病所采取的综合性防控措施中十分关键的环节，定期搞好预防接种是控制传染病流行的重要措施，必须遵守免疫程序，认真做好各类疾病的预防接种工作，对慢性消耗性及外科疾病等没有疫苗可预防的，主要采取淘汰病兔、净化兔群措施。

在免疫接种工作中，由于用法、用量或选择疫苗的种类不合适，往往出现一些失误，造成免疫效果差甚至无效。免疫接种时应注意以下几个问题。

1. 免疫时间的确定

首次免疫时间要根据母源抗体的高低及养兔场户场地的污染情况、家兔本身的健康状况(注意疫病隐性带毒或非典型发病的情况)、疫苗的品种、免疫持续时间等而定。

2. 注意家兔的健康状况

为了保证家兔的安全和接种效果，疫苗接种前应了解家兔近期饮食、排泄等健康状况，必要时可对个别家兔进行体温测量和临床检

查。只有健康家兔才能接种；凡是精神、食欲、体温不正常的、有病的、体质瘦弱的、幼小的、年老体弱的等有免疫接种禁忌症的家兔，均不予接种或暂缓接种。孕前期、孕后期的家兔，不宜接种或暂缓接种。

应了解当地有无疫病流行，若发现疫情，则首先应安排对疾病进行紧急防疫，如无特殊疫病流行则按原计划进行定期预防接种。

3. 选择适宜的疫苗

疫苗质量直接关系到免疫接种的效果，对疫苗的采购要做好统一计划和安排，根据生产情况，要做到疫苗提前到位，并按疫苗的保存要求贮放。要避免在酷暑和寒冬购买疫苗。在选择疫苗时，一定要选择经过政府招标采购的疫苗或通过《药品生产质量管理规范》（GMP）认证的厂家生产的、有批准文号的疫苗，不要在一些非法经营单位购买，以免买进伪劣产品。

4. 注意无菌操作

（1）器械消毒　免疫注射过程应严格消毒，注射器应洗净，煮沸，针头应勤更换，更不得一把注射器混用多种疫苗。吸取疫苗时，针头应勤更换，决不能用已给家兔注射过的针头吸取，可用一灭菌针头，插在瓶塞上不拔出，裹以挤干的 75% 酒精棉球专供吸附用，吸出的疫苗液不能再回注瓶内。吸取疫苗前，先除去封口的胶蜡，并用 75% 酒精棉球擦净消毒。

（2）注射部位消毒　注射部位用 2% 碘酊或 75% 酒精消毒，消毒时应逆毛消毒。

（3）更换针头　一兔一针头是理想的免疫操作状态，可有效地避免交叉污染，特别是紧急免疫或场内家兔有隐性感染疫病的情况时，至关重要。但家兔个体小，一兔一针头操作起来比较繁琐，实际生产中很难全面推行。所以，要掌握同一养兔场的家兔，根据实际情况勤换针头的原则就可以了。

5. 接种前后慎用药物

在免疫接种前后一周，不要用抑制免疫应答的药物；对于弱毒菌苗，在免疫前后一周不要使用抗菌药物；口服疫苗前后 2 小时禁止饲喂酒糟、抗生素渣（如林可霉素渣、土霉素渣等）、发酵饲料，以免影响免疫效果。但必要时在允许的情况下，可使用水溶性多维、电解维他、维生素 C 以防止应激反应，一般免疫前后各使用 2~3 天。在进行灭活疫苗或病毒病的弱毒疫苗注射免疫时，也可考虑在饮水中添加预防性的抗菌药物。

6. 做好免疫接种记录

养兔场户或免疫接种操作人员必须严格按照要求，做好免疫接种记录，建立免疫档案。免疫档案作为养殖档案的重要组成部分，每个群体都要采用专页记录，记录的内容有：养兔场户名称、地址、联系电话，基本免疫程序（以上可以为扉页），家兔日龄、数量、免疫病种、疫苗名称、疫苗的来源、生产厂家、批次、接种时间、接种剂量、接种操作人签名、在备注栏说明家兔的健康状况等，同时记录免疫不良反应情况、添加多维或使用抗菌药物等情况。

（二）疫苗接种后的观察

疫苗免疫接种后，要加强饲养管理，减少应激，密切注意兔群反应。特别应注意观察接种部位，如出现化脓，一定要立即把表面的结痂去掉，清除伤口处的脓汁，图上碘酊或者紫药水。然后打针消炎，可以打头孢曲松钠或林可霉素。对反应严重的或发生过敏反应的，可注射肾上腺素抢救。注意家兔的应激反应，遇到不可避免的应激时，可在饮水中加入抗应激剂，如水溶性多维、维生素 C 等，能有效缓解和降低各种应激反应，增强免疫效果。防疫员应在注射疫苗后 1 周内逐日观察家兔的精神状况、食欲和饮水、大小便、体温等的变化，发现问题及时处理。

第四节　家兔驱虫、杀虫与灭鼠

一、家兔驱虫

（一）药物驱虫

家兔寄生虫病较多，要有效预防寄生虫病，必须采取综合防制措施，贯彻预防为主的方针，正确使用驱虫药物。

1. 正确选用驱虫药物

选用驱虫范围广、疗效高、毒性低的驱虫药物，同时考虑经济价值。寄生虫多为混合感染，应适当配合使用驱虫药物。

2. 用药剂量要准确

驱虫药物的使用剂量一定要准确，既要防止剂量过大造成家兔药物中毒，又要达到驱虫效果。一般第一次使用驱虫药物后 7~14 天再进行第二次驱虫。

3. 严格把握驱虫时间

实践证明，家兔空腹投药效果好，可在清晨饲喂前投药或投药前停饲 1 顿。

4. 先做小群试验

进行大群驱虫和使用新药物驱虫时，先进行小群试验，注意观察家兔的反应和药效，确定家兔安全后，再全群使用。避免由于驱虫药剂量过大、用药时间过长而引起家兔中毒，甚至引起死亡。

5. 阻断传染途径

驱虫的同时，将粪便集中收集发酵处理，防止病原扩散；消灭寄生虫的传播媒介和中间宿主；加强饲养管理，消除各种致病因素。

（二）常用驱虫药物

常用驱虫药物主要有抗球虫药、抗螨虫药。

1. 抗球虫药

常用的有氯苯胍、盐霉素、莫能菌素、球痢灵等。

（1）氯苯胍　家兔球虫药，如预防每千克饲料中可加 150 毫克，如治疗则需加 300 毫克。

（2）盐霉素　主治畜禽球虫病。预防家兔球虫病，每千克饲料中添加盐霉素 25 毫克，治疗则加 50 毫克。

（3）球痢灵（二硝苯甲酰胺）　预防量为每千克饲料中添加 125 毫克，治疗量为每千克饲料中添加 250 毫克。

2. 抗螨虫药

（1）敌百虫　配成 5% 溶液局部涂擦，1%~3% 溶液可用于药浴。

（2）溴氰菊酯　对兔螨虫有很强的驱杀作用。用棉籽油稀释 1 000 倍液涂擦患部。

（3）氰戊菊酯　对兔螨虫有良好的杀灭作用。用水稀释 2000 倍液涂擦患部。

（4）阿维菌素（阿福丁）　防止兔螨病效果很好。每千克体重用 0.3 克口服，可预防半年。

二、兔场杀虫

昆虫类节肢动物（如蚊、蝇、蜱等）是家兔许多疫病的传播媒介，同时这些虫类的叮咬还会对家兔的生产性能产生不利影响。因此，建立完备的杀虫制度对家兔安全生产具有重要意义。生产中常用的杀虫方法如下。

（一）生物杀虫法

生物杀虫通常采用以兔场常见昆虫的天敌进行杀虫或使用激素来影响昆虫的生殖，或利用病原微生物感染昆虫使其死亡。目前，在家兔生产中，一般在昆虫繁殖季节采用排出兔场中生活、生产污水，及时清理粪便垃圾等改造养殖生产环境的方式来进行杀虫。

（二）物理杀虫法

利用高温（通常采用火焰）杀灭兔舍墙壁、用具、粪污堆积区等聚居的昆虫或虫卵。还可在兔舍内安装杀虫灯进行灯光杀虫。

（三）药物杀虫法

用于兔场杀虫的药物有很多，如有机磷杀虫剂、菊酯类杀虫剂、昆虫生长调节剂、驱避剂等。其中有机磷杀虫剂虽然杀虫效果好，但易造成家兔中毒，通常选用广谱、高效、对家兔无毒或毒性小的菊酯类杀虫剂、昆虫生长调节剂通过喷洒在环境中来杀灭昆虫。

家兔安全生产中，单依靠一种杀虫方法是难以达到有效杀灭昆虫效果，通常都将物理杀虫、生物杀虫和药物杀虫三种方法相结合一起使用。

三、兔场灭鼠

鼠类动物是家兔一些传染病病原的携带者和传播者，因此，消灭鼠类极为重要。一般来说，兔场的灭鼠工作应从两个方面进行。

首先，根据鼠类的生物学特点进行防鼠、灭鼠，从兔舍建筑和卫生环境方面着手，预防鼠类的滋生和活动。具体做法为：保持兔舍及周边环境干净，每天清扫兔舍饲料残渣，贮存饲料的地方应密闭、坚固，无洞，使老鼠无食物来源，可大大减少兔场老鼠的数量。

再者，利用不同方式进行灭鼠，主要采用老鼠夹、鼠笼等进行灭鼠。也可采用药物进行灭鼠，如磷化锌、敌鼠等，药物灭鼠时要特别注意防止兔群误食而引起中毒。

第五节　兔场粪污与病死兔的无害化处理

一、粪污对生态环境的污染

近年来我国兔产业进入快速发展期，逐渐成为农业经济增长、农民增收的特色产业。兔生产方式也发生了根本性改变，逐渐以规模化、集约化的养殖方式取代了传统的散养方式。规模化兔生产饲养总量大、同时产生大量粪便和污水；由于国内多数兔场对粪污的处理缺少综合利用途径，缺乏相应的粪污处理配套设施或粪污处理设施运行成本过高难以持续运行，导致粪污污染成为三大环境污染源之一，对生态环境造成巨大威胁。兔场大量产生的粪污主要造成以下几个方面的污染。

（一）空气污染

兔场粪污对空气的污染主要是排放大量恶臭、有毒有害气体等。兔粪尿中含有大量的有机物，其中兔未消化吸收的含氮物质随粪便排出，被微生物分解产生大量的氨气和硫化氢等刺激性恶臭气体；如果不能及时处理，则会进一步发酵产生甲基硫醇、甲硫醚、二甲胺等多种低级脂肪酸类恶臭气体。此类刺激性、有毒有害气体造成空气质量严重下降，危害人畜健康。

（二）水体污染

兔场粪污中含有大量氮、磷、病原微生物、重金属等污染物。未经处理的粪污进入河流、湖泊等自然水体后，会使水体中固体悬浮物、有机物和微生物含量增加，污染地表水。且粪污中的氮、磷等被藻类及浮游微生物等利用，引起藻类和浮游微生物等大量繁殖，使水体中生物群落发生改变；粪污中有机物的生物降解和藻类、浮游微生物的繁殖会大量消耗水体中氧，使水质恶化、鱼类及其他水生生物死亡，导致水体富营养化。粪污甚至还可能渗入地下，造成更为严重的地下水污染。

（三）土壤污染

未经处理的粪污进入土壤后，粪污中的有机物被微生物分解，其中含氮、含磷有机物可被微生物分解为硝酸盐和磷酸盐等，这些降解产物大部分能被植物利用，从而使土壤得到自然净化。如果粪污排量超过土壤的消纳自净能力，将导致粪污的不完全降解和厌氧腐解，产生亚硝酸盐等有害物质；并造成土壤板结、土壤孔隙堵塞、土壤透气、透水力下降，破坏土壤结构和功能。畜禽排泄物中残留有一定量的重金属元素等物质，这些污染物进入土壤后，在土壤中富积，造成土壤污染，同时还可能被植物吸收后，通过食物链危害人类健康。

（四）生物污染

兔场粪污中含有大量致病微生物和寄生虫卵，有的是畜禽传染病、寄生虫病和人畜共患病的传染源。根据世界卫生组织和联合国粮农组织的相关资料报道，目前已有200多种人畜共患病，这些人畜共患传染病的传播载体主要是畜禽排泄物，兔场粪污对其他畜禽健康和公共健康安全也会造成巨大危害。

二、解决粪污的主要途径

我国兔养殖面广，粪污产量大，处理及利用难度高。根据我国的基本国情，粪污处理以综合利用优先，资源化、无害化、减量化为原则，发展生态农业。目前粪污的综合利用主要有以下几种途径。

（一）发展农牧结合的农业循环经济

兔粪尿中含有大量的氮、磷、钾成分，经过堆肥处理后，可作为优质高效的有机肥，通过堆肥和沼气技术可将兔粪尿变废为宝。我国是农业大国，农业生产中需要大量的肥料。据报道，我国化肥消耗量居世界第一位，大量使用化肥后会造成土壤有机质减少和板结；同时化肥的利用率较低，不能被利用的化肥对土壤、水源和大气会造成污染。将畜牧业和种植业进行有机结合，粪污经处理后为种植业提供有机肥料，形成农牧业相结合的农业循环经济模式，既可以避免环境污染，又可以充分利用资源，提高环境、生态与经济效益，是解决兔养殖粪污的重要途径。

（二）用作饲料

兔粪便中含有大量未消化吸收的蛋白质、淀粉、维生素等营养物质。通过发酵、清除杂质以及灭菌处理后，可代替部分畜禽饲料，或用于饲养蚯蚓、蝇蛆生产动物蛋白饲料。但该途径容易造成传染性疾病的流行，且对粪污的处理量极为有限，推广价值不高。

（三）提高饲料消化率，减少粪便排放量

通过科学的饲料配方设计，提高兔对饲料的消化利用率，以减少粪便中养分浓度的排放量。兔对饲料的消化吸收效率越高，则排泄物中营养成分就越低，同时粪便排放量就越少，对环境的污染也就越小。

三、病死兔的无害化处理

病死兔的无害化处理严格按照《病害动物和病害动物产品生物安全处理规程》（GB16548—2006）的要求进行，通常采用以下两种方案。

（一）深埋

处理病死兔常用的方法是深埋。深埋地应远离居民住宅区、公共场所、饮用水源地、河流等地区，深埋前应对病死兔进行无害化处理。在深埋地坑表面铺 2~4 厘米厚的生石灰，掩埋后需将上层土夯实；被埋病死兔上层距地表不少于 1.5 米；深埋后地表用消毒药喷洒消毒，消毒液可采用 0.4% 的高锰酸钾液或 2% 的烧碱液等。

（二）焚烧

将病死兔投入焚化炉或用直接挖坑烧毁碳化，焚烧处理应在指定地点进行。规模化兔场一般要配备专用焚化设施。在养殖业集中区，可联合兴建焚化处理厂，由专门的运输车辆负责运送病死兔到焚化厂集中处理。但近年来，许多地区制定了防止大气污染的条例或法规，限制焚烧炉的使用。

技能训练

肉兔的免疫接种

【目的要求】学会疫苗的保存、运送和用前检查；掌握肉兔免疫接种的方法和步骤，熟悉免疫过程中的注意事项，并学会各种器械的使用方法。

【训练条件】

用具：量筒、注射器、接种针等。

材料：肉兔常用疫苗，2% 碘酊或 75% 酒精等。

【操作方法】

1. 疫苗的保存、运送和用前检查。

2. 免疫接种的方法。

3. 肉兔免疫前后的护理与观察。

【考核标准】

1. 免疫接种前，用具、材料准备充分。

2. 操作方法正确，动作熟练。

3. 能口述免疫接种注意事项。

4. 能根据实际情况，制定一个合理的免疫程序。

思考与练习

1. 简述肉兔场人员进舍消毒、场区和环境消毒、设备及用具消毒、兔群消毒、污水与粪便污物消毒、饮水消毒等不同消毒方法的操作要领。

2. 简述兔舍环境要求及控制措施。

3. 制定肉兔场科学的免疫程序，应注意哪些问题？

4. 怎样给家兔驱虫？

参考文献

[1] 谷子林，秦应和，任克良 . 中国养兔学 [M]. 北京：中国农业出版社，2013.

[2] 谢晓红，易军，赖松家 . 兔标准化规模养殖图册 [M]. 北京：中国农业出版社，2012.

[3] 杨正，现代养兔 [M]. 北京：中国农业出版社，1999.

[4] 谷子林，薛家宾 . 现代养兔实用百科全书 [M]. 北京：中国农业出版社，2007.

[5] 黄邓萍 . 规模化养兔新技术 [M]. 四川：四川科学技术出版社，2003.

[6] 任永军 . 轻松学养肉兔 [M]. 北京：中国农业科学技术出版社，2014.